Maria Concepcion Amboy Mirabueno
Christian Manong
Jaycion Ray Manicio

Cuidados com os patas

Maria Concepcion Amboy Mirabueno
Christian Manong
Jaycion Ray Manicio

Cuidados com os patas

Projeto e Implementação de um Alimentador Automático de Cães usando ESP8266

ScienciaScripts

Cover image: www.ingimage.com

This book is a translation from the original published under ISBN 978-620-7-48765-3.

Publisher:
Sciencia Scripts
is a trademark of
Dodo Books Indian Ocean Ltd. and OmniScriptum S.R.L publishing group

120 High Road, East Finchley, London, N2 9ED, United Kingdom
Str. Armeneasca 28/1, office 1, Chisinau MD-2012, Republic of Moldova, Europe
Managing Directors: Ieva Konstantinova, Victoria Ursu
info@omniscriptum.com

Printed at: see last page
ISBN: 978-620-8-53150-8

Conteúdo

Agradecimentos 2
Resumo 3
Capítulo 1 4
Capítulo 2 14
Capítulo 3 35
Capítulo 4 54
Capítulo 5 68
Bibliografia 70
Apêndice 73

Agradecimentos

Antes de mais, gostaríamos de agradecer aos nossos pais por nos apoiarem incondicionalmente e
nos terem dado recursos suficientes para as nossas necessidades académicas.
Gostaríamos também de agradecer aos nossos colegas de turma por nos terem dado ideias e técnicas para cumprir os requisitos deste projeto.
Por último, gostaríamos de agradecer profundamente à nossa professora do curso, Engr. Yolanda
Áustria, e à nossa conselheira de projeto, Engr. Maria Concepcion Mirabueno, por nos terem dado ideias e partilhado os seus conhecimentos, o que nos levou a criar um tema de investigação.
partilharem os seus conhecimentos, o que nos levou a criar um tema de investigação.

Resumo

De acordo com o inquérito realizado pelos investigadores, as pessoas tendem a deixar os seus animais de estimação sozinhos em casa. A maioria dos inquiridos respondeu que deixava os seus animais de estimação em casa quando ia para a escola, alguns para viajar e apenas uma pequena percentagem dos cem inquiridos quando ia para o trabalho. Deixar os animais de estimação em casa pode causar múltiplos problemas na sua saúde física, emocional e mental. Existe uma quantidade abundante de artigos em linha que afirmam que o tempo máximo que um pai ou mãe de peles pode deixar o seu animal de estimação sozinho em casa é de 2 horas. Ultrapassar esse limite pode causar problemas de saúde, como a diminuição da tensão arterial e dos níveis de colesterol; pode também desenvolver ansiedade de separação e, pior ainda, ficar angustiado. Não devem sentir estes efeitos terríveis, pois sentem a dor e o sofrimento que as pessoas sentem também.

Com a aplicação e integração dos conceitos de Automação de Computadores, Sistemas Embarcados, Bases de Dados e Programação, os investigadores tiveram a ideia de desenvolver um protótipo inteligente que tornasse os animais de estimação menos solitários quando os seus donos não estão em casa. O projeto é constituído por componentes de hardware integrados para desempenhar um papel essencial tanto para os pais como para os animais de estimação. Com a utilização de uma aplicação móvel, o dono pode alimentar o seu animal de estimação quando está fora de casa. O dispositivo inteligente também inclui uma câmara para que os donos possam monitorizar o seu animal de estimação através de aplicações móveis e funcionalidades de distribuição e eliminação automatizadas de alimentos com base numa tabela de distribuição de alimentos validada por um veterinário.

Capítulo 1

INTRODUÇÃO

Este capítulo apresenta os fundamentos da investigação. Discute a motivação e os resultados desejados do estudo. Esta secção explica a base para a realização do estudo, os seus beneficiários e o seu potencial de mercado. Além disso, é apresentada e brevemente discutida uma solução para o problema. É constituída pelos antecedentes do estudo, pelo quadro concetual, pelos objectivos e contributos do estudo, pela sua importância, pelo seu âmbito e delimitações e pela definição operacional dos termos.

A. Antecedentes do estudo

Este capítulo abordará a origem do problema e a forma como o grupo chegou a uma solução. Discute também os objectivos específicos, a importância do estudo e as suas limitações.

1. Motivação

Ter um animal de estimação exige muitos compromissos. Para além de os alimentar a horas e de forma adequada, também implica fazer-lhes companhia e expressar as suas preocupações. Os donos nem sempre estão em casa regularmente, o que constitui um problema na alimentação dos animais de companhia. Os donos estão constantemente preocupados com a ideia de que ainda precisam de cuidar de um jovem esfomeado em casa enquanto estão preocupados com planos pessoais[1].

Depois de deliberar sobre qual a área de estudo prioritária, o grupo decidiu concentrar-se na pesquisa de Alimentadores Automáticos para Animais de Estimação, que farão com que os donos dos animais de estimação se sintam confortáveis, mesmo que os deixem sozinhos em casa. O grupo procura então no mercado online os produtos que já se encontram no mercado, lendo as opiniões e identificando quaisquer deficiências que tenham levado os utilizadores a solicitar a sua inclusão no produto. O grupo optou então por adicionar caraterísticas distintivas extra que não existem nos dispositivos atualmente no mercado para suprir necessidades e melhorias.

Os comedouros automáticos para animais de estimação podem ser programados para distribuir alimentos em função do número de refeições por dia escolhido pelo utilizador, o que pode ser especialmente útil para as pessoas que não estão em casa durante o dia para alimentar os seus animais de estimação, o que proporciona comodidade. Pode ajudar a garantir que os animais de estimação recebem uma quantidade consistente de comida todos os dias, dependendo do animal, o que pode ser importante para que os animais de estimação se mantenham saudáveis. Também constitui uma opção mais segura para os animais de estimação que têm tendência para mendigar ou procurar comida, uma vez que pode ajudar a evitar a ingestão acidental de substâncias nocivas.

2. Declaração de necessidades

Depois de ler as opiniões online sobre os Alimentadores Inteligentes para Animais de Estimação existentes no mercado, o grupo decidiu quais as caraterísticas a incluir nos actuais Alimentadores Inteligentes para Animais de Estimação com base nos problemas que foram pesquisados em artigos online e em inquéritos a donos de cães. O grupo realizou entrevistas para recolher feedback e sugestões para finalizar as funcionalidades. Além disso, o grupo recolheu dados através de um inquérito criado no Google Forms que abrangia as funcionalidades extra que seriam incluídas no alimentador para animais de estimação e obteve respostas positivas.

Aquisição de dados

Entrevistas para pais de animais domésticos (Google Meet)

Os investigadores realizaram entrevistas com determinados tutores de cães através da plataforma Google Meet, a fim de conhecer a sua opinião sobre os problemas comuns que os cães enfrentam no dia a dia. Numa primeira fase, o grupo procurou donos de cães ao acaso que quisessem participar na investigação. No total, os investigadores convenceram quatro inquiridos a responder a algumas perguntas sobre as suas próprias experiências com os problemas comuns dos cães. Dois dos inquiridos eram também estudantes de Engenharia Informática que frequentam a mesma escola que os investigadores, e os outros dois eram familiares de um deles. Foram feitas as mesmas perguntas aos entrevistados, na sua maioria relacionadas com as suas experiências e conhecimentos sobre problemas comuns dos cães. Foi-lhes perguntado se deixavam os seus cães sozinhos em casa, três deles disseram que deixavam os seus cães durante cerca de 6 horas ou mais para irem para a escola e a outra entrevistada disse que deixava o seu cão no trabalho durante cerca de um dia, no máximo. Os investigadores também perguntaram aos inquiridos se tinham conhecimento do horário de alimentação e da quantidade de comida preferida para os cães, consoante a idade e a raça, tendo três deles respondido que sim, mas que, na sua opinião, não o seguiam. Posteriormente, o grupo pediu aos inquiridos alguns conselhos e sugestões sobre as funcionalidades que gostariam de ver ou utilizar para o bem dos seus animais de estimação. Os dois estudantes de engenharia informática sugeriram que as funcionalidades que permitiriam a distribuição de luz e de guloseimas aos cães são boas funcionalidades potenciais a acrescentar ao sistema. Outra sugestão de um dos entrevistados refere que os investigadores deveriam acrescentar música divertida para os cães.

Inquérito do Google Forms

Ao realizar o inquérito para o estudo, os investigadores juntaram-se a vários grupos de pais de peles/donos de animais de estimação em plataformas de redes sociais e pediram educadamente respostas. O grupo também realizou um inquérito nas instalações da Universidade de Adamson, no qual pediu aos estudantes/pais de animais que respondessem aos formulários. Especificamente, os investigadores reuniram um total de 102 inquiridos. Antes de mais, foi pedida autorização aos inquiridos para que os investigadores recolhessem algumas informações confidenciais que só seriam utilizadas para fins de investigação.

A primeira questão colocada foi a de saber quantas horas é que estes donos deixam os seus animais de estimação sozinhos em casa. 51% votaram em 3-7 horas, 20,6% em 8-12 horas, 18,6% em 1-2 horas, os outros 9,8% votaram noutras opções, tais como 12 horas ou mais, uma semana ou duas, os animais estão todos na província e nunca deixam os seus animais de estimação sozinhos em casa. Foi-lhes também perguntado se conheciam o horário preferido para comer e a quantidade de comida a servir a cada cão de raça e idade diferentes; as respostas dividiram-se ao meio, pois alguns conheciam e outros não. Além disso, de acordo com o inquérito, a maioria dos inquiridos (94,1%) votou numa funcionalidade que apresenta um sistema de notificação, uma vez que não são capazes de monitorizar os seus animais de estimação quando saem de casa. De acordo com alguns artigos encontrados em linha, a água para os cães é essencial, pois ajuda a uma boa circulação sanguínea e, sem ela, os cães sentir-se-ão cansados e fracos. Por conseguinte, os investigadores também incluíram uma pergunta sobre se um recipiente de água seria essencial para o projeto a desenvolver, e 94,1% responderam SIM, dizendo que é necessário adicioná-lo. A própria ideia do protótipo é deixar os cães de estimação sozinhos em casa durante o(s) dia(s), pelo que os investigadores perguntaram aos inquiridos se a luz seria um excelente complemento para o projeto, tendo 86,1% respondido que é importante e os restantes respondido que não. Após toda a aquisição de dados, os investigadores conseguiram encontrar soluções inteligentes que podem ajudar a resolver os problemas identificados.

Artigos e gráficos online

- *Prejudicar a saúde dos animais de estimação devido a uma alimentação excessiva*

Excesso de peso/obesidade. É crucial estar atento a indicadores incómodos de que o cão está a comer demasiado, porque a sobrealimentação pode ter repercussões importantes na saúde, como doenças cardíacas, diabetes, artrite e redução do tempo de vida. A abordagem mais simples para determinar se o seu cão está a comer demasiado é olhar para a sua cintura, o que pode parecer óbvio. É crucial considerar a forma geral do seu animal de estimação e adotar uma abordagem "prática" para determinar se ele tem excesso de peso, uma vez que o peso corporal por si só não é o principal indicador. O dono deve conseguir sentir facilmente as costelas, as ancas e a coluna vertebral do cão e conseguir ver e sentir a sua cintura de cima (procure uma forma de ampulheta). Quando o cão se mexe, as últimas costelas podem ser vistas, o que indica o peso ideal. Se as costelas estiverem cobertas de gordura e o dono tiver de fazer força para as sentir ou se a cintura for pouco percetível, o cão tem provavelmente excesso de peso. Existem mais problemas de saúde relacionados com o excesso de peso dos cães do que com a magreza, apesar de os donos se preocuparem frequentemente mais em ver as costelas dos seus animais do que com o peso adicional. A ilustração abaixo mostra as diferentes fases da condição corporal do cão. O gráfico tem especificamente cinco fases que mostram diferentes variedades de gordura corporal do cão. As fases foram identificadas com 1 sendo magro e 5 sendo gordo [54].

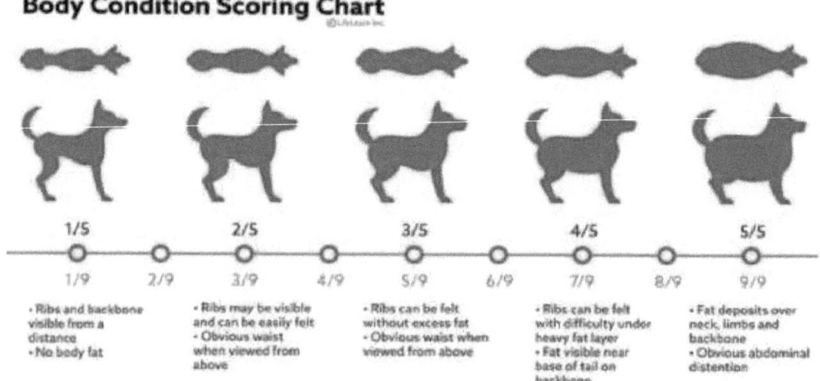

Fig. 1: Tabela de pontuação da condição corporal

Sobrealimentação do cão. Preocupa-se com o cão e quer dar-lhe a melhor nutrição para o manter saudável. Mas o dono não tem a certeza se está a dar-lhe demasiado quando se trata do tamanho das porções ou de quantos petiscos partilham por dia. A sobrealimentação do cão acarreta inúmeros perigos para a saúde dos cães, tal como acontece com os humanos. De acordo com a Association for Pet Obesity Prevention, 54% dos cães nos EUA têm excesso de peso ou são obesos. Saber que o animal de estimação está a comer de uma forma que o mantém saudável é vital, uma vez que consumir demasiada comida ou guloseimas para cães pode resultar em obesidade. De acordo com (Hillspet, 2018), a melhor maneira de descobrir a quantidade certa de comida para cães e a que horas o dono deve dá-la ao seu cão é visitar um veterinário. Alimentar o animal de estimação mais do que ele deveria estar a consumir tem muitos perigos a curto e a longo prazo. O relatório State of Pet Health® de 2017 do Banfield Pet Hospital afirma que a sobrealimentação de um cão resulta em maiores despesas veterinárias para os donos de animais. De acordo com o estudo, os donos de cães com excesso de peso incorrem em custos de cuidados de saúde 17% superiores aos dos animais de estimação com um peso saudável. Além disso, gastam cerca de 25% mais em medicamentos sujeitos a receita médica. O montante gasto em despesas médicas não é o único fator preocupante. Os problemas de saúde que os animais de estimação que são alimentados em excesso enfrentam são ainda mais graves. De acordo com o estudo State of Pet Health, à medida que mais cães ganham peso, aumenta a prevalência de várias doenças, incluindo artrite e problemas respiratórios. Se o cão sofrer uma lesão, como um membro partido, a mobilidade limitada causada pelo excesso de peso torna a cura muito mais difícil. Por último, mas não menos importante, os cães gordos tendem a ter uma vida mais sedentária, tornando mais difícil a introdução de exercício e aumentando o seu risco de doença cardíaca [55].

- *Essencialidade da água para cães de companhia*

Desidratação canina. De acordo com (CampCanine, 2020), os cães duram cerca de 2-3 dias sem consumo de água. Se o cão estiver desidratado, isso prejudica todos os processos do seu corpo. Sem acesso a água limpa, os órgãos vitais do cão acabam por falhar, o que pode levar a problemas graves ou mesmo à morte. O consumo de água do cão depende também do seu estado, do clima e do nível de atividade. Também foram identificados os sinais de desidratação para os cães, tais como perda de apetite, respiração ofegante excessiva, boca e gengivas secas, olhos encovados, apatia ou letargia e falta de elasticidade da pele. Nunca saia de casa sem reabastecer a tigela de água do cão. Faça planos para garantir que o cão tem acesso a comida e água se o dono estiver ausente durante várias horas ou mesmo vários dias. Peça a alguém para os visitar, reabastecer as suas tigelas e talvez até levá-los a passear. Caso contrário, o cão pode sofrer de problemas de saúde que podem ser fatais, bem como de solidão[56].

Fig. 2: Sinais de um cão desidratado

- *Contaminação dos alimentos para cães*

Causas da Contaminação dos Alimentos para Animais de Estimação. Os alimentos para animais de estimação devem ser mantidos fechados na sua embalagem original para evitar o contacto indesejado com o ar e a humidade, que podem deteriorar rapidamente os alimentos e aumentar o risco de contaminação por bactérias como a Salmonella. A melhor opção é utilizar o saco original e colocá-lo num recipiente de plástico se o dono quiser guardar algo num recipiente de plástico. É aconselhável utilizar um recipiente hermético de qualidade alimentar se o proprietário tiver de o colocar num recipiente. Se o recipiente estiver vazio, deve ser cuidadosamente limpo e seco. Quando guardados num recipiente que não seja de qualidade alimentar, os óleos e os alimentos podem perder o seu sabor e talvez induzir perturbações gastrointestinais. Depois de abrir a embalagem de alimentos secos, estes devem ser consumidos no prazo de seis semanas. De acordo com (Noblesville Veterinary Clinic, 2020), a alimentação livre não é recomendada e os alimentos devem ser oferecidos durante apenas 15-30 minutos. Os recipientes e as tigelas de comida devem ser limpos regularmente para evitar a acumulação de organismos infecciosos, como a Salmonella ou a Listeria. Independentemente do tipo de comida que os donos de cães servem aos seus animais de estimação, não se deve permitir que esta fique de fora durante mais de 15 minutos [57].

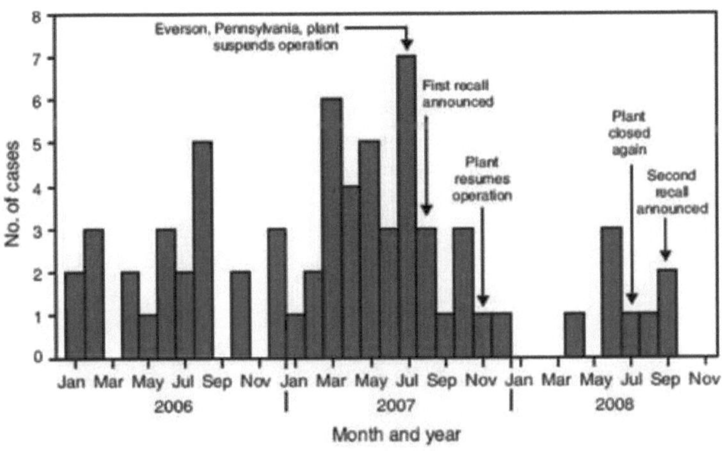

* Cases (n = 68) for which date of S. Schwarzengrund isolation was confirmed.

Casos (n = 68) para os quais foi confirmada a data de isolamento de S. Schwarzengrund

Fig. 3: Contaminação de alimentos secos para cães e gatos associada a Salmonella humana

A ilustração acima mostra a linha do tempo ou o gráfico dos eventos que ocorreram em 2008 em alguma parte dos Estados Unidos. Em 16 de maio de 2008, o CDC publicou um relatório sobre um surto multiestatal de infecções por Salmonella enterica serotipo Schwarzengrund que tinha sido associado a alimentos secos para cães em 2006-2007. O último caso foi descoberto em 1 de outubro de 2007 e, à data do relatório, tinham sido notificados 70 casos em 19 estados. Em 29 de dezembro de 2007, foi subsequentemente descoberto um segundo caso. O presente relatório actualiza o relatório anterior do CDC, apresenta resultados epidemiológicos adicionais e descreve outras medidas tomadas pelas agências de saúde pública e pelo fabricante. As investigações epidemiológicas e ambientais sugeriram que a fonte do surto foi a comida seca para animais de companhia produzida por um fabricante, a Mars Petcare US. O surto conta atualmente com 79 casos no total, depois de terem sido confirmados mais oito casos em 2008. Os alimentos secos para animais de companhia têm um prazo de validade de um ano. Em 12 de setembro de 2008, a empresa anunciou uma recolha voluntária a nível mundial de todos os produtos alimentares secos para cães e gatos produzidos durante um período de cinco meses numa fábrica da Pensilvânia. Os produtos recolhidos que estavam contaminados podem permanecer nas casas dos consumidores e representar um risco para a saúde. As pessoas que possuem estes produtos devem deitá-los fora ou devolvê-los ao retalhista em vez de alimentar os seus animais de estimação com eles[5].

Alguns artigos online mostram que a contaminação dos alimentos para animais de companhia é por vezes causada ou associada a infecções humanas. Assim, deixar a comida sem vigilância ou descoberta é mais propenso a germes e bactérias. Os donos de animais de estimação devem estar plenamente conscientes de tais ocorrências, a fim de promover o bem-estar dos animais.

- Horário irregular de alimentação

Nutrição geral. O excesso de peso é prejudicial para o cão, tal como o é para o ser humano. O excesso de peso põe em perigo o coração, os pulmões e as articulações do cão e aumenta a sua suscetibilidade a várias doenças. O aparelho digestivo do cão pode sofrer de problemas digestivos crónicos em resultado de um padrão alimentar irregular. Uma mudança na dieta pode normalmente ajudar com problemas digestivos. Deve ser seguida uma tabela de distribuição de alimentos para promover a saúde e o bem-estar do cão [58].

Leis sobre o bem-estar dos animais (locais e internacionais)

ACTO DE BEM-ESTAR DOS ANIMAIS DE 1998 (Filipinas)

Ao controlar e regulamentar a construção e o funcionamento de todas as instalações utilizadas para a criação, manutenção, retenção, tratamento ou ensino de todos os animais, quer se trate de produtos comerciais ou de animais domésticos, esta lei visa preservar e promover o bem-estar de todos os animais nas Filipinas. Ninguém pode iniciar uma atividade de criação de animais sem primeiro obter um certificado de registo junto do Gabinete da Indústria Animal (secção 2). O certificado só será emitido depois de se verificar que as instalações do estabelecimento são suficientes, higiénicas e limpas e que não serão utilizadas de forma a causar dor ou sofrimento aos animais. O certificado deve estar em vigor durante um ano inteiro. A responsabilidade pela supervisão das empresas do sector animal incumbe ao Diretor do Gabinete da Indústria Animal. É criado um Comité para o Bem-Estar dos Animais, ligado ao Ministério da Agricultura. A lei considera ilegal torturar, não fornecer cuidados adequados, alimentação ou abrigo, ou maltratar qualquer animal (secção 6). Todos são responsáveis pela preservação do ambiente natural da vida selvagem. A destruição do referido habitat é considerada um ato de crueldade contra os animais, sendo a sua preservação um meio de proteção dos mesmos (art. 7.º)[6].

LEI DO BEM-ESTAR ANIMAL DE 2006 (REINO UNIDO)

A legislação em matéria de bem-estar dos animais era essencialmente reactiva antes da Lei do Bem-Estar dos Animais, e só era possível agir depois de um animal ter passado por um sofrimento desnecessário. Para os donos de animais de companhia e os responsáveis por animais domésticos, como criadores, pessoas que têm animais de trabalho ou animais de quinta em Inglaterra e no País de Gales, a lei de 2006 introduziu uma ideia essencial e inovadora. De acordo com esta lei, para garantir que um indivíduo cuide adequadamente dos seus animais de companhia ou dos seus animais, deve satisfazer as seguintes necessidades de bem-estar[7] :

- necessidade de um ambiente adequado
- necessidade de uma dieta adequada
- precisam de ser capazes de apresentar padrões de comportamento normais
- precisam de ser alojados com ou separados de outros animais
- precisam de ser protegidos contra a dor, o sofrimento, as lesões e as doenças.

Leis estaduais e locais de proteção dos animais (EUA)

Animais de companhia - o nível mais elevado de proteção ao abrigo dos regulamentos estatais, que normalmente se limita a cães e gatos, mas ocasionalmente também inclui aves, cavalos e outros animais. No entanto, houve casos em que as pessoas foram acusadas de crimes que envolviam um tratamento extremamente cruel de animais selvagens ou domesticados. Isto também se aplica à vida aquática. Por torturarem um tubarão, três adolescentes da Florida foram acusados de crueldade contra animais em 2017. Além disso, cada estado tem regras que abrangem várias facetas dos cuidados "práticos" com os animais. Por exemplo, as leis regem o tempo que os animais vadios devem "aguentar" nos abrigos de animais antes de serem adoptados ou mortos. As leis também especificam a frequência com que os animais de estimação devem ser vacinados contra a raiva. Frequentemente, os Estados também têm leis que regem a criação de animais de companhia para venda. As "leis do carro quente" tornam ilegal deixar um animal num veículo em movimento durante o mau tempo.

Noutros casos, estes animais podem ser resgatados de automóveis em movimento em condições específicas sem que o salvador esteja sujeito a sanções civis ou penais. Os regulamentos que permitem que os animais de estimação sejam incluídos em ordens de proteção contra a violência doméstica estão a tornar-se cada vez mais prevalecentes, assim como as leis anti-amarração que restringem o tempo que os animais de estimação podem ser acorrentados ou amarrados no exterior, especialmente em condições meteorológicas adversas.

B. Objectivos

O principal objetivo do sistema aborda especificamente o problema identificado que foi mencionado nas partes anteriores do documento. Com base em inquéritos anteriores realizados sobre o tema, as pessoas, especialmente os donos de animais de estimação, tendem a deixar os seus cães sozinhos em casa por alguma razão que não podem levá-los sempre e para onde quer que vão. Isto pode levar a resultados terríveis para a saúde geral dos cães de estimação. Por isso, os investigadores decidiram aprofundar este tema. Especificamente, o estudo teria como objetivo

Objectivos específicos

- Desenvolver um dispositivo inteligente com a aplicação de conceitos de automação e de sistemas incorporados que tenha a capacidade de alimentar cães de estimação automaticamente sem qualquer esforço humano;
- Conceber e integrar uma aplicação móvel para monitorização através de câmara de vigilância e peso dos alimentos, sistema de notificação; e
- Crie caraterísticas únicas, mas essenciais, como a luz nocturna automática e a eliminação de alimentos para evitar a contaminação.

C. Importância do estudo

Alguns de nós acham que ter um companheiro é melhor do que estar sozinho, mantém as nossas mentes activas e evita o isolamento social. Por conseguinte, algumas pessoas tendem a ter um animal de estimação para satisfazer esse tipo de sentimentos. No entanto, os pais peludos não podem trazer os seus animais de estimação sempre consigo, pelo que deixar os animais de estimação sozinhos em casa é inevitável e pode ter efeitos negativos na saúde dos animais de estimação.

Os investigadores decidiram desenvolver um protótipo que seria benéfico tanto para o dono como para o animal de estimação. Com um dispositivo inteligente controlado através de uma aplicação móvel, os pais de peles devem preocupar-se menos, uma vez que podem continuar a monitorizar os seus animais de estimação e a alimentá-los quando estão fora de casa. Este estudo beneficiaria especificamente as seguintes pessoas:

- Proprietários de cães/pais de peles
- Saúde e bem-estar dos cães
- Futuros investigadores

Para ser mais específico, os donos de cães ou os pais de peles podem simplesmente confiar no próprio protótipo quando se trata de atender às necessidades dos seus cães, especialmente na alimentação. Sentir-se-ão à vontade ao sair de casa, sabendo que os seus cães podem comer a horas. Assim, isto também promoveria o bem-estar dos cães e mantê-los-ia saudáveis. Por último, para os futuros investigadores que queiram abordar o mesmo tema na sua investigação, poderão recolher algumas ideias e recomendações dos próprios investigadores.

Alinhamento com a missão e a visão da Universidade de Adamson

Uma das tarefas obrigatórias de um estudante vicentino é ser um líder e catalisador de mudanças e atender aos necessitados. Como aspirantes a engenheiros informáticos, os investigadores aplicam os princípios da engenharia e promovem a excelência, considerando a competência técnica no seu domínio específico. Ao criarem soluções inteligentes utilizando a tecnologia actualizada, podem provar o seu envolvimento na mudança sistémica abordada na Missão e Visão da Universidade de Adamson; especificamente, promovendo o bem-estar dos animais através da investigação científica e da abordagem de engenharia.

Lei sobre o bem-estar dos animais de 1998 (Filipinas) e Lei sobre o bem-estar dos animais de 2006 (Reino Unido)

Nos termos da Lei do Bem-Estar dos Animais das Filipinas, o seu objetivo consiste principalmente em proteger e promover o bem-estar de todos os animais nas Filipinas. Tal pode ser feito através da regulamentação e supervisão de todos os estabelecimentos e operações de todas as instalações de criação, manutenção, treino, manutenção e tratamento de todos os animais, quer como animais de companhia quer como objectos de comércio[9]. Além disso, o Animal Welfare Act do Reino Unido declarou as cinco principais necessidades de bem-estar dos animais de companhia, nomeadamente Saúde, comportamento, companhia, alimentação e ambiente. De acordo com estas necessidades e em consonância com o estudo de caso, a proteção contra as doenças, o fornecimento de alimentos suficientes e adequados, bem como o acesso a água limpa e fresca para a fase de vida do animal de companhia são as considerações que o proprietário de um animal de companhia deve ter em conta[10].

D. Âmbito de aplicação e delimitações

Há factores e considerações que devem ser tidos em conta, os investigadores depararam-se com deficiências em termos de restrições práticas e teóricas. Por conseguinte, o grupo tomou decisões sobre o que deve e o que não deve ser incluído no desenvolvimento efetivo do protótipo.

- Âmbito de aplicação

Aplicação móvel (Controlador).

Botões para distribuição e eliminação de alimentos (manual)

Capaz de alimentar o cão automaticamente com a quantidade necessária de comida

Capaz de monitorizar o nível de alimentos no recipiente e receber notificações se este atingir um nível baixo (1 kg ou 33%).

Capacidade de receber notificações se o protótipo distribuir automaticamente alimentos.

Dispositivo do sistema.

Capacidade de distribuir alimentos com precisão

Capaz de retirar os alimentos que não foram ingeridos

Câmara fixa com ESP32 Cam

Célula de carga. Responsável pela medição dos pesos dos alimentos no contentor para efeitos de notificação.

Módulo de luz nocturna. Consiste num fotoresistor que acende automaticamente as luzes sempre que detecta falta de luz na área.

Bico de água. Utilizado para o consumo de água dos cães.

- Limitações e Delimitações

Número de animais de estimação. O utilizador-alvo deve ter um limite de um animal de estimação, uma vez que algumas das funcionalidades do sistema foram especificamente concebidas para um único cão.

Fornecedor de serviços Internet (ISP). A aplicação móvel só é acessível através de uma ligação à Internet fornecida por fornecedores de serviços Internet locais.

Tipo de alimento. Neste protótipo só são permitidos pequenos alimentos secos.

E. Definição operacional dos termos

Automatização informática - combinação e integração de hardware e software para realizar uma determinada tarefa promovendo um menor esforço humano.

Sistemas incorporados - refere-se a uma combinação de hardware e software concebida para uma função específica.

Pai de peles - uma pessoa que tem um cão ou um gato como animal de estimação.

Aplicação móvel - uma aplicação que funciona em dispositivos móveis e é utilizada para controlar o alimentador inteligente para animais de companhia através de uma ligação à Internet.

Programação - criação de um conjunto de instruções e de uma combinação de códigos para realizar uma determinada tarefa.

Dispositivo inteligente - é um dispositivo eletrónico inteligente que está ligado sem fios a outros dispositivos através da Internet e pode funcionar de forma interactiva.

Alimentador inteligente para animais de estimação - é um dispositivo eletrónico capaz de alimentar animais de estimação e que pode ser controlado através de uma aplicação móvel.

Capítulo 2

REVISÃO DA LITERATURA

Este capítulo identifica e enumera a literatura, o trabalho anterior e os produtos existentes relacionados com o estudo. O objetivo desta secção é estabelecer o contexto concetual e teórico do estudo. Esta secção inclui discussões teóricas, identificação do estado da técnica através de inquéritos técnicos e estatísticas do mercado atual. Finalmente, esta secção resume as ideias e as caraterísticas viáveis para a investigação.

- Conhecimentos prévios

Em primeiro lugar, o principal objetivo do estudo é desenvolver um protótipo específico para os donos de cães que deixam os seus animais de estimação sozinhos em casa. O referido protótipo é composto por hardware e software integrados e tem a capacidade de alimentar o animal de estimação automaticamente, mesmo sem o dono por perto. Inclui também uma aplicação móvel que o dono pode utilizar para monitorizar o animal de estimação e receber notificações sempre que o recipiente de comida precisa de ser reabastecido; existem também funcionalidades como um sistema de iluminação que acende automaticamente os LEDs sempre que o sensor detecta escuridão e a eliminação automática de alimentos que pode ser controlada através da aplicação móvel.

- Fundamentos de matemática, ciências naturais e engenharia

Matemática

O cálculo das porções de ração, a construção de sistemas mecânicos e a determinação dos horários de alimentação exigem um conhecimento profundo da matemática. Ideias como métricas, indicadores e algoritmos são particularmente relevantes.

Ciências Naturais

Ao compreender os fundamentos das ciências da vida, particularmente da biologia e do comportamento animal, é possível construir um alimentador automático para cães que satisfaça as necessidades nutricionais de muitos animais de estimação diferentes. O peso, a digestão, o metabolismo e as necessidades nutricionais do cão devem ser considerados para determinar o tamanho correto da porção por dose.

1. Possíveis causas da perda de apetite do cão

A primeira consideração é a forma como determina o apetite do seu cão. Lembre-se de que estas são apenas médias se estiver preocupado com o facto de o seu cão não estar a comer tanto quanto as recomendações da comida que compra. Muitos cães saudáveis consomem apenas 60% a 70% da dose recomendada. É crucial que o seu cão seja examinado por um veterinário se observar quaisquer alterações nos seus padrões alimentares, porque a falta de apetite nos cães pode ser um sinal de doença. Quando um cão que geralmente se alimenta bem se recusa a comer, é especialmente importante atuar rapidamente. Embora a maioria dos cães possa passar alguns dias sem comer sem sofrer consequências negativas graves, é melhor lidar com o problema o mais rapidamente possível [11].

2. Contaminação de alimentos para animais de companhia

Os alimentos podem facilmente criar e desenvolver bactérias perigosas quando são expostos ao ar durante muito tempo. Tanto as pessoas como os animais são propensos a contrair salmonela, uma infeção bacteriana comum e contagiosa. A salmonela pode causar sintomas de intoxicação alimentar em cães e gatos, incluindo diarreia com sangue ocasionalmente, vómitos, náuseas, febre e desidratação. Em circunstâncias extremas, a infeção pode entrar na corrente sanguínea do seu animal de estimação e resultar em sépsis ou envenenamento do sangue, ambos os quais representam uma séria ameaça à vida. Tenha em atenção que é mais provável que o seu animal de estimação contraia uma doença se for jovem, idoso ou imunocomprometido.

Ao provocar a degradação dos alimentos para animais de estimação, a mistura incorrecta de alimentos para cães pode levar à contaminação dos mesmos. Nem imagina, mas dar ao seu animal de estimação uma quantidade excessiva de algumas vitaminas pode ser mau para ele. Infelizmente, as empresas de alimentos para animais de estimação de baixa qualidade são frequentemente culpadas pelo facto de os seus produtos conterem quantidades prejudiciais de vitaminas. Recentemente, muitos tipos diferentes de alimentos para cães foram recolhidos porque incluíam quantidades elevadas de vitamina D [12].

3. Água para animais de estimação

A água é essencial para os animais de estimação porque ajuda na digestão e na absorção de nutrientes, transportando os nutrientes vitais para dentro e para fora das células do corpo. Além disso, controla a temperatura corporal, lubrifica as articulações, melhora o desempenho mental e apoia o cérebro e a espinal medula. A água é essencial para todos os processos biológicos significativos. Tanto os animais de estimação como os humanos debatem-se quando não recebem água suficiente. Sentimos fadiga, tonturas e falta de coordenação. A desidratação é a perda excessiva de água para além do que o corpo consumiu. A desidratação faz com que o corpo sugue a água para fora das células, o que causa desequilíbrio eletrolítico e fraqueza muscular. Se a desidratação não for tratada de imediato, pode resultar em falência de órgãos e morte [13].

Sinais de desidratação dos animais de estimação:

- Mover-se mais lentamente do que o normal
- Cansaço
- Perda de apetite
- Olhos encovados
- Ofegante
- Nariz e gengivas secos

4. Regra geral dos alimentos secos para cães

É melhor guardar a comida seca para cães num local frio e escuro, como uma despensa ou um armário, e refrigerá-la depois de aberta. Muitas pessoas acreditam que a ração seca pode permanecer fresca indefinidamente. Consulte o seu veterinário se tiver dúvidas quanto ao tempo que deve deixar a comida seca para cães fora de casa. Dependendo da qualidade dos alimentos e da forma como são armazenados, os alimentos secos para cães podem durar entre alguns meses e mais de um ano. A comida estraga-se mais rapidamente se for exposta à humidade ou a insectos. A comida conserva-se durante muito mais tempo se for mantida num ambiente seco e fresco. A maioria dos donos de animais de estimação prefere guardar a comida do seu cão longe do fogão, num armário ou despensa, num recipiente hermético [14].

Quadro 1: Tabela de comparação entre alimentos frescos e expostos para cães

Alimento fresco seco para cães	Alimentos para cães que foram deixados de fora durante demasiado tempo
Em comparação com os alimentos enlatados ou de croquete, os alimentos secos frescos são frequentemente menos processados, o que significa que mantêm mais vitaminas e nutrientes que são cruciais para a saúde do seu cão.	Esteja atento aos sintomas da doença se achar que o seu cão pode ter consumido alimentos que foram deixados de fora durante demasiado tempo. Letargia, diarreia e vómitos são sintomas de intoxicação alimentar.

Os alimentos secos frescos são mais saudáveis para o seu cão porque é menos provável que tenham aditivos extra, como enchimentos ou conservantes.	Os alimentos secos para cães nunca devem ser deixados no exterior durante mais de duas horas. O seu cão pode ficar doente se a comida estiver contaminada com bactérias.
Os alimentos secos frescos têm normalmente mais proteínas do que outras variedades de alimentos comerciais para cães, o que é essencial para preservar a energia e a massa muscular do seu cão.	As bactérias podem começar a desenvolver-se em alimentos secos para cães que tenham sido deixados de lado.

Fundamentos de Engenharia

1. Internet das coisas (IoT)

A Internet das Coisas é o que transformará os objectos do mundo real em objectos virtuais inteligentes no futuro. A Internet das Coisas (IoT) promete reunir tudo o que existe no ambiente sob uma única infraestrutura, permitindo que as pessoas controlem as coisas que as rodeiam e mantendo-as actualizadas sobre o seu estado. É o principal instrumento para tornar online coisas como protótipos de sistemas e integração de hardware e software. De acordo com

(Patel, 2016), O termo "Internet das coisas" refere-se a um tipo particular de rede que utiliza dispositivos de deteção de informação para ligar qualquer coisa à Internet com base em protocolos pré-determinados, a fim de trocar informações e efetuar comunicações para obter reconhecimento, posicionamento, localização, monitorização e administração inteligentes.

2. Automação e sistemas incorporados

A automatização é a utilização da tecnologia para efetuar operações com o mínimo de envolvimento humano. Inclui aplicações comerciais como a automatização de processos empresariais (BPA), a automatização de TI, a automatização de redes, a automatização da integração de sistemas, a robótica na indústria e aplicações de consumo como a automatização doméstica, entre outras. De acordo com (Berberian, 2012), a automatização facilita efetivamente a vida das pessoas, mas cria complexidade e incerteza.

- **Especialização em engenharia**

O sistema compreende uma integração de hardware e software e é desenvolvido através de conceitos e fundamentos da engenharia informática. As disciplinas do curso no âmbito do programa, tais como Automação Informática e Sistemas Integrados, abordaram os conceitos principalmente sobre a informação e a utilização de vários componentes eléctricos e a forma como estão a ser manipulados ou controlados por programação. As caraterísticas do sistema giram principalmente em torno da automação e da Internet das Coisas (IoT); para tal, são necessários conhecimentos básicos de codificação e programação, especialmente em linguagem C++, uma vez que o Arduino funciona com esta linguagem de programação específica.

- **Códigos de práticas, leis e normas aplicáveis**

Leis sobre o bem-estar dos animais

Lei sobre o bem-estar dos animais de 1998 (Filipinas) e Lei sobre o bem-estar dos animais de 2006 (Reino Unido)

Nos termos da Lei do Bem-Estar dos Animais das Filipinas, o seu objetivo consiste principalmente em proteger e promover o bem-estar de todos os animais nas Filipinas. Tal pode ser feito através da regulamentação e supervisão de todos os estabelecimentos e operações de todas as instalações de criação, manutenção, treino, manutenção e tratamento de todos os animais, quer como animais de companhia quer como objectos de comércio[9]. Complementarmente, a Lei do Bem-Estar dos Animais do Reino Unido declarou as cinco principais necessidades de bem-estar dos animais de companhia, nomeadamente Saúde, comportamento, companhia, alimentação e ambiente. De acordo com estas necessidades e em consonância com o estudo de caso, a proteção contra as doenças, o fornecimento de alimentos suficientes e adequados, bem como o acesso a água limpa e fresca para a fase de vida do animal de companhia são as considerações que o proprietário de um animal de companhia deve ter em conta[10].

Normas de segurança

Os requisitos de segurança são tidos em conta, especialmente porque o protótipo é um dispositivo elétrico. A fonte de alimentação é construída de acordo com as normas de segurança relativas à compatibilidade eléctrica, mecânica e física.

- Inquérito técnico

1. Pesquisas relacionadas

Durante quanto tempo devo deixar a comida do cão de fora?

É importante notar que os alimentos para cães podem estragar-se, perder a sua atratividade e atrair parasitas se forem deixados de fora durante mais de 15 minutos. Por conseguinte, recomenda-se que deixe a comida de fora durante o tempo necessário para o seu cão a acabar, desde que esse período não exceda os 15 minutos. Qualquer resto de comida deve ser imediatamente removido alguns minutos depois de o cão se afastar da tigela. Esta abordagem incentiva o seu cão a terminar a refeição, estabelece o seu papel de fornecedor, e garante que o seu cão recebe alimentos frescos e nutritivos. Embora seja ideal dar tempo suficiente para que o seu cão termine a sua refeição, alguns cães podem precisar de mais tempo. No entanto, é aconselhável não deixar a comida de fora indefinidamente, pois isso pode levar o cão a tornar-se seletivo ou exigente [46].

Devo deixar a comida do cão deitada durante todo o dia?

A criação de uma dieta óptima para o seu cão pode ser abordada de várias formas. De um modo geral, é aconselhável evitar uma alimentação demasiado variada, pois isso pode perturbar a digestão. Recomenda-se também não deixar a comida à vista durante longos períodos de tempo, e qualquer alimento não consumido deve ser deitado fora após 15-20 minutos. No entanto, é crucial garantir que o seu cão tem sempre acesso a água e a sua tigela de água nunca deve ser retirada. Os cães, sendo necrófagos por natureza, têm um comportamento alimentar oportunista, consumindo qualquer alimento que esteja disponível para eles. Não têm autorregulação no que diz respeito à ingestão de alimentos e podem facilmente comer em excesso. Problemas relacionados com hábitos alimentares que não ocorreriam tipicamente na natureza podem surgir nos nossos cães de companhia devido à ausência de competição pela comida e à redução do exercício em comparação com os seus congéneres selvagens [47].

Horário e tempo de alimentação do cão

Horário de alimentação do cão adulto (2 doses por dia /12 horas de intervalo)

Refeição da manhã: 8:00 a.m.

Refeição da noite: 8:00 p.m.

Melhor altura para alimentar o cão duas vezes por dia: A altura ideal para alimentar um cão duas vezes por dia é normalmente aconselhada a ter um intervalo de 12 horas entre as refeições. Seguindo esta diretriz, pode estabelecer um horário de alimentação para o seu cão [48].

Horário de alimentação de três refeições

Refeição da manhã: 7:00 a.m.

Refeição da tarde: 12:30h

Refeição da noite: 18h30

Alimentar o cachorro com refeições mais pequenas e frequentes é benéfico para gerir o seu metabolismo rápido e garantir que se sente satisfeito ao longo do dia. Para determinar as horas ideais de alimentação do cachorro, recomenda-se a criação de um horário que se alinhe com a sua rotina durante a semana e que possa ser seguido de forma consistente também aos fins-de-semana [49].

Peso saudável para cães

Tal como acontece com os humanos, o excesso de peso é prejudicial para a saúde do cão. O peso excessivo exerce pressão sobre o coração, os pulmões e as articulações, tornando o cão mais vulnerável a várias doenças. Um horário de alimentação irregular pode perturbar o sistema digestivo do cão, conduzindo potencialmente a perturbações digestivas crónicas. Ao fazer ajustes na dieta, os problemas digestivos podem muitas vezes ser melhorados. Não é invulgar que um cão continue a desejar uma refeição à hora antiga se o horário for alterado subitamente. Os cães ficam condicionados a esperar comida a horas específicas, o que faz com que o seu despertador interno accione a fome. Os cães podem ter dificuldade em adaptar-se às mudanças de fuso horário ou à hora de verão. Para aclimatar o seu cão a uma mudança de hora, é aconselhável ajustar gradualmente o seu horário alimentar ao longo de várias semanas. A consistência é fundamental, por isso é importante manter as tigelas de água e comida do seu cão no mesmo local todos os dias. Se tiver vários cães, certifique-se de que cada cão tem a sua própria tigela de comida e água [50].

Compreender o contexto da alimentação e do exercício dos cães e gatos de companhia entre os proprietários de animais de companhia na Irlanda

De acordo com este estudo, a obesidade nos cães e gatos aumenta o risco de desenvolverem uma série de problemas, incluindo diabetes mellitus e cancro. Também agrava os seus problemas ortopédicos e diminui as suas hipóteses de vida. Dada a falta de conhecimentos aprofundados nesta área, o objetivo deste estudo é compreender melhor as crenças dos donos de cães e gatos e os factores que influenciam o seu comportamento relativamente à alimentação e ao exercício do seu cão ou gato de estimação. Houve um total de 43 donos de animais de estimação nas sete conversas dos grupos de discussão.

O resultado deste estudo mostra que os donos de animais de estimação expressaram frequentemente a perceção de terem pouco controlo sobre a alimentação, que era frequentemente prejudicada por outras pessoas que alimentavam os seus animais de estimação, pelos pedidos dos animais e pelas atitudes dos animais em relação à comida. Na falta de controlo do dono sobre a mendicidade e a ligação emocional do animal de estimação, foram utilizadas guloseimas para modificar o comportamento do animal. A maioria dos participantes tinha opiniões favoráveis em relação ao exercício dos animais de estimação, o que pode estar relacionado com as necessidades de cada animal, em particular com as distinções entre cães e gatos. Tem havido várias situações de stress relacionadas com o passeio de cães e preocupações com encontros agressivos com outros cães [51].

SIMPÓSIO DE ANIMAIS DE COMPANHIA: Obesidade em cães e gatos: O que há de errado em ser gordo?

De acordo com este estudo, um excesso de gordura corporal que prejudica a saúde ou as funções corporais é designado por obesidade. Este excesso é normalmente considerado como 20 a 25% acima do peso corporal ótimo nas pessoas. É necessário que os cães também tenham este nível de excesso. Num estudo a longo prazo com cães, descobriu-se que mesmo os cães com um ligeiro excesso de peso tinham uma maior incidência de morbilidade e necessitavam de tratamento para problemas de saúde crónicos mais cedo do que os seus irmãos mais magros. Em geral, havia uma diferença de 25% no peso corporal entre os grupos. Para controlar a obesidade, são importantes as modificações nutricionais e comportamentais. O exercício físico, a restrição calórica e um maior consumo de proteínas podem ajudar na perda de peso, preservando a massa corporal magra [52].

Gestão da obesidade dos animais de companhia para além da nutrição

Com uma estimativa de que 34% a 59% dos cães e 25% a 63% dos gatos têm excesso de peso ou são obesos, a obesidade é um problema de saúde importante que afecta tanto os cães como os gatos. O cálculo de um índice de condição corporal (ECC) é a forma mais popular e clinicamente útil de diagnosticar a obesidade. Enquanto o MCS é utilizado para medir a atrofia muscular, o BCS mede simplesmente a gordura corporal. Cada BCS numa escala de 9 pontos está normalmente associado a um aumento ou diminuição de 10%-15% no peso corporal ideal e pode ajudar a determinar o peso ideal para esse animal. A obesidade é normalmente definida como sendo 10% a 20% acima do peso corporal ideal (BCS de 6-7 em 9) e como sendo obeso se for 20% ou mais (BCS de 7-9 em 9). Em cada visita veterinária, o peso corporal, o BCS e o MCS devem ser medidos como parte do protocolo de exame físico.
Em vez de alimentarem os animais de forma gratuita, os donos dos animais de companhia devem ser informados de que devem pesar e medir os alimentos que dão aos seus animais para manterem uma condição física saudável. Os cachorros de raças grandes deveriam ter um BCS de 4 a 5 numa escala de 1 a 9. Se necessário, deve ser escolhida uma dieta com uma densidade calórica mais baixa para cachorros ou gatinhos. É vital conversar com os donos dos animais de estimação sobre o controlo do ECC dos seus animais e a redução da ingestão conforme necessário na altura da esterilização ou castração. É melhor abordar o BCS e monitorizar consistentemente os factores de risco nas visitas anuais de bem-estar com avaliações nutricionais para promover a gestão do peso a longo prazo e a prevenção da obesidade. Em todas as fases da vida, os donos devem continuar a alimentar-se para manter um estado físico saudável [53].

Alimentador inteligente para animais de estimação

Os alimentadores inteligentes para animais de estimação são dispositivos automatizados que podem ser ligados à sua rede WiFi doméstica e controlados através de uma aplicação no seu smartphone. Permitem definir horários de alimentação, monitorizar as refeições do animal e controlar a quantidade de comida dada [15]. Este artigo apresenta um protótipo de um sistema de alimentação para animais de estimação controlado por um microcontrolador ATMEGA32. O sistema foi concebido para permitir que os donos forneçam remotamente comida aos seus animais de estimação de acordo com o seu horário preferido e na quantidade adequada. Uma estrutura cónica feita de materiais residuais é usada como reservatório de comida, que está ligada a uma tigela que é monitorizada por uma célula de carga e um servo motor. Um sensor de flutuação é também utilizado para monitorizar o nível de água no recipiente e reabastecê-lo automaticamente quando necessário. Este sistema fornece uma solução fácil de utilizar e de

monitorizar para os donos de animais que estão fora de casa [16].
O Smart Pet Feeder é um dispositivo que permite aos donos de animais alimentar os seus animais de estimação automaticamente através de uma aplicação para smartphone. Tem uma câmara de circuito fechado para que os donos possam monitorizar os seus animais de estimação enquanto estão fora de casa. O dispositivo foi concebido para ser fácil de utilizar e pode ser configurado para distribuir alimentos em alturas específicas e em quantidades específicas. Utiliza uma garrafa que pode durar uma semana e tem componentes eléctricos como o Arduino UNO Rev3 e um servo motor. Ao contrário de outros comedouros para animais de estimação no mercado, o Smart Pet Feeder tem ligação à Internet e pode ser operado automaticamente. Isto é especialmente útil para os donos de animais de estimação que estão ocupados ou que precisam de deixar os seus animais sozinhos durante longos períodos de tempo. O Smart Pet Feeder é uma ferramenta útil para os donos de animais de estimação e tem o potencial de melhorar a indústria mecânica local [17].

Alimentador automatizado para animais de estimação, denominado Smart Pakan, que utiliza uma impressora 3D com um sistema de controlo de código aberto

Este artigo apresenta uma máquina automática de alimentação de animais de estimação concebida com tecnologia de impressão 3D e um sistema de controlo de código aberto. A máquina inclui uma válvula, um servomotor e um temporizador para regular o tempo de alimentação. Utiliza um módulo de plataforma NodeMCU ESP8266 e sensores ultra-sónicos, bem como um smartphone com o software de aplicação Blynk (IoT). A válvula é ajustável em quatro posições de 10 a 40 graus e a distância do alimento ao sensor pode ser monitorizada até 9 cm com os sensores ligados. A máquina foi concebida para ser utilizada de forma contínua e automática, com os proprietários a terem controlo através dos seus smartphones [18].

IOT e os seus benefícios na alimentação de animais domésticos

A integração da Internet das Coisas (IoT) na sociedade atual está a facilitar a comunicação e a partilha de dados entre dispositivos físicos equipados com sensores. Os investigadores deste trabalho utilizam a tecnologia para automatizar o processo de alimentação dos animais de estimação, oferecendo opções práticas aos donos dos animais. Este sistema tem a capacidade de encher o recipiente de comida de um animal de estimação com uma quantidade adequada de comida em intervalos pré-determinados, regular o processo através de um aplicação para smartphone, obter alimentos adicionais premindo um único botão, monitorizar a ingestão de alimentos utilizando um sensor de peso e informar os proprietários quando necessário [19].

Sistema de monitorização e alimentação para animais de estimação

Este documento aborda um sistema inteligente de monitorização e alimentação de animais de estimação que utiliza a tecnologia IoT para tornar a posse de animais de estimação mais fácil e mais conveniente. O sistema inclui um alimentador para animais de estimação, controlável através de smartphones e computadores, que pode distribuir comida e água a horas e porções definidas. Também inclui uma câmara IP para monitorizar o animal de estimação e um gravador de voz para o chamar para a hora da refeição. Este sistema oferece aos donos dos animais um maior conforto e tranquilidade, uma vez que pode alimentar os animais de estimação mesmo quando os donos estão ausentes. Por último, inclui um alerta de reabastecimento e um alerta de alimentação, para que os donos saibam quando o seu animal de estimação precisa de mais comida ou água [20].

PetCare: Uma aplicação móvel IoT de cuidados inteligentes para animais de estimação

Este documento examina o potencial de utilização de um sistema inteligente para animais de estimação com base na IoT para ajudar a melhorar a posse de animais de estimação nas Filipinas. O estudo concluiu que os donos de animais de estimação nas Filipinas são altamente receptivos à ideia de um sistema inteligente para animais de estimação, uma vez que dão prioridade à conveniência e à segurança quando escolhem um alimentador para animais de estimação. Os investigadores desenvolveram um sistema inteligente para animais de estimação com IoT que inclui uma porta activada remotamente, uma almofada de defecação, um dispensador de comida e água, ativação de música com ativação por voz dos pais dos animais de estimação, deteção da temperatura ambiente e monitorização do serviço de câmaras. A aplicação móvel foi testada com êxito e demonstrou ser eficaz na prestação dos serviços prometidos [21].

Distribuidor automático de alimentos para animais de estimação utilizando a Internet das Coisas (IoT)

Nesta investigação, os investigadores conseguiram criar um dispensador automático de alimentos para animais de estimação com a utilização da Internet das Coisas (IoT). Este alimentador automático de animais de estimação destina-se a cães e gatos pequenos. Será muito benéfico sempre que o dono de um animal de estimação estiver longe da residência e/ou ainda não puder alimentá-lo regularmente. Quando a alimentação é livre, induz a obesidade nos animais de estimação. Este dispositivo também pode ser utilizado para treinar os animais de estimação a comerem de acordo com o horário, registando os seus hábitos alimentares [22].

Design de dispensador de alimentos para animais de estimação usando Raspberry Pi

Esta investigação mostra que o protótipo criado tem um impacto social benéfico. Onde beneficia a família e também os animais de estimação. As obrigações das pessoas estão a aumentar como resultado da globalização, tornando mais difícil para elas estarem sempre com o animal, resultando numa má alimentação para o animal. É por isso que os investigadores deste estudo fornecem uma solução onde criaram um dispensador de comida para animais de estimação usando Raspberry Pi [23].

O Estudo e Aplicação da loT em Sistemas Pet

Há um interesse crescente na interação entre os seres humanos e os dispositivos físicos no mundo real, e há necessidade de métodos naturais e intuitivos para facilitar essa interação. Uma área em que isto é particularmente relevante é a dos cuidados e da criação de animais de estimação. Este estudo investiga a utilização da tecnologia da Internet das coisas (IoT) para melhorar a interação entre os seres humanos e os seus animais de estimação. A ênfase é colocada na utilização da perceção da localização, bem como na regulação da atividade e da alimentação através de uma aplicação específica para animais de estimação. Os resultados do estudo indicam que o método proposto pode melhorar significativamente a saúde e os sintomas dos animais de estimação com doença renal. Esta solução não só combina conceitos fundamentais de IoT, como também satisfaz as necessidades dos donos de animais de estimação que estão demasiado ocupados com o trabalho para cuidar dos seus cães. Este sistema não só incorpora ideias fundamentais da IoT, como também satisfaz as necessidades dos donos de animais de estimação que estão ocupados com o trabalho e podem não ter tempo para cuidar dos seus animais [24].

Sistema inteligente de cuidados para animais de estimação utilizando a Internet das Coisas

Esta investigação apresenta um novo sistema inteligente de cuidados a animais de companhia que utiliza a tecnologia da Internet das Coisas (IoT). À medida que mais pessoas vivem em agregados familiares unipessoais, é provável que se registe um aumento da posse de animais de estimação. Este novo sistema permite que os donos de animais de estimação alimentem remotamente os seus animais e monitorizem os seus movimentos e estado enquanto estão fora de casa, utilizando os seus smartphones. Permite também que os donos controlem a almofada de defecação do animal. O sistema proposto é único na medida em que se baseia na tecnologia IoT e utiliza vários sensores e capacidades de comunicação sem fios. Isto significa que não está limitado pela localização ou pelo tempo, desde que haja uma ligação sem fios. Atualmente, só foram desenvolvidos dois dispositivos, mas o sistema tem potencial para se expandir e adaptar às necessidades dos donos de animais. Está também a ser desenvolvido outro dispositivo que pode funcionar com os dispositivos existentes. O objetivo é criar o que os donos de animais desejarem [25].

Conceção de um alimentador de animais de estimação utilizando um servidor Web como aplicação da Internet das Coisas

A Internet das Coisas (IoT) permite o controlo e a monitorização remotos de objectos ligados à Internet. O alimentador de animais proposto é uma ferramenta para alimentar animais que está equipada com uma rede de comunicações e pode ser controlada remotamente através de um servidor Web. Distingue-se de outros alimentadores de animais de estimação pelo facto de responder a comandos dados pelo proprietário através de um servidor Web. A conceção da ferramenta consiste em componentes de software e de hardware. O software utiliza o Arduino IDE e o ESP8266 Downloader, ao passo que o hardware inclui um microcontrolador Arduino Uno e vários outros componentes, como módulos ESP866, sensores ultra-sónicos, servomotores, um LDR e um buzzer. O sistema foi implementado com sucesso no alimentador de animais de estimação , com o servidor Web a apresentar informações em cerca de quatro segundos. A disponibilidade de alimentos em contentores e tanques também pode ser determinada remotamente através de software e acesso à Internet, mesmo quando o controlador está num local diferente [26].

PetCare: um sistema de monitorização de animais de estimação em tempo real com distribuição de alimentos utilizando Raspberry Pi

Atualmente, muitas pessoas têm animais de estimação não só como forma de proteger a sua casa, mas também como fonte de companhia. No entanto, muitos donos de animais de estimação podem não ter tempo suficiente para cuidar dos seus animais, especialmente quando têm de viajar em trabalho. Um animal de estimação que fica em casa pode não ter as capacidades de sobrevivência para encontrar comida sozinho e pode não ser capaz de sobreviver sozinho como os animais vadios. Consequentemente, os donos de animais de estimação pedem frequentemente a amigos que tomem conta dos seus animais ou procuram um sistema de distribuição de alimentos em tempo real que possa alimentar o seu animal de estimação a horas programadas e que inclua funções de monitorização. Este documento propõe um sistema de monitorização que inclui um distribuidor automático de alimentos e várias outras funções úteis para ajudar os donos de animais de estimação.

O sistema proposto utiliza um Raspberry Pi para controlar e ligar-se a vários subsistemas, incluindo um subsistema de monitorização em tempo real, um subsistema de gestão de portas com suporte de software e um sistema de distribuição de alimentos. O sistema de distribuição de alimentos sem fios permite que o proprietário alimente automaticamente o seu animal de estimação de acordo com um horário ou manualmente de acordo com a sua preferência. O subsistema de monitorização em tempo real permite ao proprietário monitorizar o seu animal de estimação e verificar se algum animal de estimação vadio tentou entrar na gaiola através de uma câmara. Finalmente, o subsistema de gestão da porta permite ao proprietário controlar o fecho/desbloqueio da porta, dando alguma liberdade ao seu animal de estimação. Este sistema tem o potencial de reduzir a probabilidade de os animais de estimação serem abandonados [27].

Internet das coisas

A IoT, ou Internet das Coisas, refere-se à rede interligada de objectos do quotidiano que foram equipados com inteligência. Estes objectos podem comunicar com os seres humanos e outros dispositivos através de sistemas incorporados, aumentando a ubiquidade da Internet. Os rápidos avanços na tecnologia permitiram a criação de inúmeras aplicações que visam melhorar a vida das pessoas. A IdC tem recebido muita atenção por parte de investigadores e profissionais a nível mundial [28].

Sistema de monitorização comportamental de cães baseado em aprendizagem profunda

Esta investigação centrou-se na utilização de técnicas de processamento de imagem e de aprendizagem automática para acompanhar o comportamento e os níveis de atividade dos cães, a fim de notificar os seus donos através de uma aplicação móvel. O reconhecimento da raça foi efectuado utilizando a aprendizagem profunda em vídeos ou fotografias dos cães enviados pelos utilizadores. A investigação estudou os padrões de andar, correr, descansar e ladrar dos cães das raças Pomerânia e Pastor Alemão, utilizando uma câmara de vigilância e sensores para recolher dados. A funcionalidade de áudio da câmara de vigilância foi utilizada para identificar o comportamento de ladrar. A aprendizagem por transferência com ResNet50, Inception V3 e máquinas de vectores de suporte foram utilizadas para reconhecer e classificar os padrões de atividade dos cães. A investigação alcançou uma precisão de 89% ou superior para o reconhecimento da raça, 99,5% para o reconhecimento do padrão de caminhada, 97% para o reconhecimento do padrão de repouso e 60% para o reconhecimento do padrão de ladrar. Isto permitiu que a investigação identificasse comportamentos invulgares nos cães [29].

Fotoresistor

Fig. 4: Fotoresistor

Os fotorresistores, também designados por resistências dependentes (LDRs), são dispositivos sensíveis à luz que são frequentemente utilizados para determinar a presença ou ausência de luz ou para quantificar a intensidade da luz. Os LDRs têm uma resistência muito elevada no escuro, mas quando expostos à luz, a sua resistência reduz-se drasticamente, dependendo da intensidade da luz. Os LDRs são sensíveis a vários comprimentos de onda de luz e não têm uma resposta linear. Têm sido utilizados numa grande variedade de aplicações, mas a sua função de deteção de luz pode também ser desempenhada por outros dispositivos, como os fotodíodos e os fototransístores. Devido a preocupações ambientais, alguns países proibiram a utilização de LDRs à base de chumbo ou cádmio [30].

Servo motor

Fig. 5: Servo motor

Um servo motor é um motor de precisão com a capacidade de rodar em determinados ângulos ou comprimentos. Inclui um circuito de controlo que fornece feedback sobre a posição atual do veio do motor, permitindo-lhe rodar com precisão. Os servomotores, que são essencialmente compostos por um motor simples e um servomecanismo, são utilizados para rodar objectos. Podem ser alimentados por eletricidade DC ou AC e são conhecidos como servomotores DC ou servomotores AC [31].

Sistema de vigilância inteligente loT com várias câmaras de monitorização

Nos últimos 15 anos, o mercado dos sistemas de monitorização digital de vigilância evoluiu significativamente. Anteriormente, estes sistemas eram utilizados para proporcionar tranquilidade às empresas através da simples gravação de imagens com câmaras. No entanto, os sistemas de monitorização modernos são frequentemente dispendiosos devido à inclusão de kits de desenvolvimento de software (SDKs) proprietários nas câmaras. Algumas empresas oferecem centros de comando personalizados de elevado preço, com vários ecrãs e módulos especializados de análise de deteção que comunicam com várias câmaras. Este documento apresenta uma solução mais barata para o processo de monitorização digital de vigilância, utilizando métodos de processamento de imagem de código aberto para criar um sistema personalizável que pode ser utilizado com uma variedade de modelos de câmaras. O sistema também inclui um módulo de análise em tempo real para facilitar a sua utilização para fins de vigilância. O sistema proposto é significativamente mais económico (até 95%) e fácil de utilizar (90% de usabilidade) em comparação com os produtos existentes [32].

Uma introdução aos díodos emissores de luz

Os díodos emissores de luz (LED) são dispositivos electrónicos que emitem luz quando é aplicada eletricidade. Produzem uma gama estreita de comprimentos de onda, desde UVC a infravermelhos, e podem ser encontrados em embalagens com uma potência de alguns miliwatts a mais de 10 watts. O primeiro LED, que emitia luz infravermelha, foi patenteado em 1961, e o primeiro LED que produzia luz visível foi desenvolvido em 1962. Só no final dos anos 90 é que foram desenvolvidos LEDs de alta potência (1 watt). Ao contrário das fontes de luz tradicionais, que utilizam um elemento quente, um gás ionizado ou um arco elétrico para produzir luz, os LED geram luz através de um processo semicondutor. O comprimento de onda específico da luz produzida por um LED depende dos materiais utilizados na junção de semicondutores. Os LEDs são mais eficientes em termos energéticos do que as lâmpadas incandescentes e podem produzir mais luz por watt de eletricidade. São também dispositivos de estado sólido que são mais duradouros do que as lâmpadas com invólucro de vidro e não contêm materiais perigosos como as lâmpadas fluorescentes. Além disso, têm um tempo de vida muito mais longo do que as lâmpadas incandescentes, fluorescentes e de descarga de alta densidade. No entanto, ao projetar um sistema de iluminação baseado em LED, é importante considerar todo o sistema e não apenas o LED em si. Os LEDs não irradiam calor diretamente, mas produzem calor que tem de ser dissipado para garantir um desempenho e uma vida útil ideais. Também requerem uma fonte de alimentação de corrente contínua DC constante, em vez da tensão de rede AC normal, e podem necessitar de ótica externa para produzir a distribuição de luz desejada, uma vez que são fontes de luz direcionais. Se for corretamente concebido, um sistema de iluminação LED pode proporcionar um desempenho e uma vida útil superiores aos das fontes de iluminação tradicionais [33].

Distribuidor automático de alimentos para animais de estimação utilizando a Internet das Coisas (loT)

O objetivo deste projeto é criar um sistema de alimentação para animais de estimação que funcione automaticamente utilizando a Internet das Coisas (IoT). Criaram um alimentador para ajudar na distribuição de dietas de alimentos secos a pequenos animais de estimação, como cães e gatos. Será útil se o dono de um animal de estimação estiver fora de casa e/ou não puder alimentá-lo normalmente. Quando os animais de estimação recebem comida à borla, acabam por ficar obesos. Este equipamento será também utilizado para monitorizar os padrões alimentares dos animais de estimação, a fim de os ensinar a tomar refeições planeadas[34].

Sistema automatizado de cuidados para animais de estimação baseado em loT e na nuvem

Para cuidar dos animais de estimação, nomeadamente cães e gatos, foi desenvolvido um sistema especializado denominado alimentador automático para animais de estimação. Este sistema permite a entrega de comida e água aos animais de estimação, ao mesmo tempo que monitoriza os seus movimentos. Incorpora vários componentes incorporados que permitem a alimentação automática de alimentos e a distribuição de água, eliminando a necessidade de intervenção humana. Muitos donos de animais de estimação, sobrecarregados por agendas ocupadas e tempo limitado no trabalho, têm infelizmente negligenciado os seus animais de estimação, o que resulta em fome e abandono. Este projeto visa resolver este problema, fornecendo uma solução que poupa tempo e energia aos donos de animais de estimação, assegurando que estes são alimentados a horas certas e permitindo a sua monitorização através de uma aplicação específica [45].

2. Análise de patentes

A invenção diz respeito a um alimentador automático para animais de estimação com um módulo de controlo de temporizador incorporado e um prato em forma de tarte para alimentar os animais de estimação a determinadas horas programadas. O dispositivo tem um número reduzido de peças e, em caso de avaria, o consumidor pode substituir rápida e facilmente as peças avariadas. A eletrónica do dispositivo está contida num único módulo que pode ser atualizado e/ou alterado ao longo do tempo para satisfazer as necessidades e desejos do consumidor. Os componentes são todos de plástico, o que simplifica a limpeza, a manutenção e a substituição das peças. De acordo com a presente invenção, o dispositivo dará ao proprietário do animal de estimação a capacidade de programar o módulo do temporizador de acordo com a sua conveniência e terá uma funcionalidade de bloqueio para impedir que os animais de estimação acedam aos outros compartimentos do comedouro. O dispositivo funciona com 3 pilhas AA que podem ser trocadas sem remover ou desmontar qualquer parte da máquina. Para ser controlado por um computador, portões, portas, sensores como infravermelhos, de proximidade, de movimento, etc., e outros dispositivos, como um controlo remoto portátil, o módulo temporizador pode ligar-se a outros dispositivos [35].

Reclamações:

1. Alimentador de animais automatizado

Um módulo temporizador programável e amovível com um microprocessador para gerir o seu funcionamento e um componente rotativo; uma base com uma secção central onde o módulo temporizador deve ser colocado; uma tigela posicionada na base com uma peça central que serve de recipiente para o módulo temporizador e outros compartimentos para guardar alimentos com formas semelhantes; uma tampa feita para encaixar sobre a tigela, com uma abertura no centro para acesso ao módulo temporizador e mais uma abertura que é dimensionada e moldada para encaixar um dos compartimentos de receção de alimentos; uma pega para fixar funcionalmente a tampa ao membro rotativo do módulo de tempo e para alinhar a abertura adicional da tampa em relação à tigela e aos compartimentos de receção de alimentos; e um componente de bloqueio que prende a pega e a tampa ao módulo do temporizador, permitindo que a tampa rode em uníssono com a parte rotativa; em que o microprocessador pode ser programado e controlado através de um controlo remoto graças ao sensor de infravermelhos e ao recetor de radiofrequência do módulo do temporizador.

2. As câmaras de receção de alimentos em forma de tarte na taça do alimentador automático para animais de companhia, de acordo com a reivindicação 1, são duas ou mais.
3. O alimentador automático para animais de companhia da reivindicação 1, em que a taça está posicionada na base ao lado de um número correspondente de partes elevadas e inclui uma pluralidade de entalhes.
4. O alimentador automático para animais de companhia da reivindicação 1 com um mecanismo de rotação e bloqueio para fixar a pega à tampa.
5. O alimentador automático para animais de companhia descrito na reivindicação 4, em que a pega faz parte da tampa.

O alimentador automático para animais de estimação possui um tabuleiro horizontal com vários pares de tigelas de comida e água que rodam para revelar apenas um par de cada vez. O conjunto da tampa tem um mecanismo controlado por um relógio que roda gradualmente o tabuleiro, expondo um novo conjunto de taças pré-cheias todos os dias durante o processo de alimentação [36].

Reclamações:

1. Um comedouro automático para animais de estimação consiste num tabuleiro com pares de taças de água e comida espaçadas uniformemente à volta das suas extremidades, uma placa de cobertura que assenta no tabuleiro e expõe um par de cada vez, e um mecanismo para rodar o tabuleiro para colocar o par seguinte de taças em posição. O tabuleiro assenta numa base com um espigão, e o tabuleiro tem um cubo na parte inferior que assenta no espigão e permite

a sua rotação. O alimentador também tem uma tampa que pode ser aberta e fechada, com a placa da tampa apoiada no seu interior e assente na parte superior das taças quando a tampa está fechada.

2. O mecanismo para rodar o tabuleiro inclui um motor de acionamento no interior do conjunto da tampa e um membro de acoplamento rotativo acionado pelo motor. O tabuleiro tem um cubo central com acoplamento mecânico que engata no membro de acoplamento rotativo quando a tampa é fechada sobre o tabuleiro.

3. O alimentador tem um mecanismo para levantar a placa de cobertura do tabuleiro à medida que este roda.

4. O meio de acoplamento mecânico inclui uma barra de acoplamento no interior do cubo central do tabuleiro e uma reentrância complementar no elemento de acoplamento rotativo. A barra de acoplamento estende-se diametralmente ao longo do cubo.

5. O alimentador tem um mecanismo para levantar a placa de cobertura do tabuleiro à medida que este roda.

A presente invenção refere-se a um alimentador inteligente para controlar a alimentação de animais de estimação. O comedouro inclui uma caixa, um conjunto de isco, um conjunto de acionamento e um conjunto de expulsão. O conjunto de acionamento inclui um motor e um conjunto de polias e acciona a rotação de um disco de engrenagem de transmissão, que roda um poste de suporte e um disco rotativo de transporte de isco em sincronização com um came. Isto alimenta o isco do conjunto de isco para o conjunto de distribuição, que o despeja para o animal de estimação comer. O comedouro foi concebido para resolver os problemas de fraca eficiência de alimentação e de estrutura pouco razoável dos actuais sistemas de comedouros para animais de companhia [37].

Reclamações:

1. O comedouro automático para animais de estimação é composto por vários componentes que funcionam em conjunto para fornecer comida e água a um cão ou gato. Tem um tabuleiro rotativo com pares de tigelas espaçadas uniformemente à volta das suas extremidades, uma placa de cobertura que assenta no tabuleiro e expõe um par de cada vez, e um mecanismo para rodar o tabuleiro para colocar o par seguinte de tigelas em posição. O tabuleiro assenta numa base plana com um espigão, e o tabuleiro tem um cubo na parte inferior que assenta no espigão e permite a sua rotação. O alimentador tem também uma tampa que pode ser aberta e fechada, com a placa da tampa apoiada no seu interior e assente na parte superior das taças quando a tampa está fechada.

2. Um alimentador automático para animais de companhia, tal como descrito na reivindicação 1, inclui um mecanismo para rodar o tabuleiro que consiste num motor de acionamento no interior do conjunto da tampa e num elemento de acoplamento rotativo acionado pelo motor. O tabuleiro tem um cubo central com um acoplamento mecânico que engata no elemento de acoplamento rotativo quando a tampa é fechada sobre o tabuleiro.

3. Um alimentador automático para animais de companhia, tal como definido na reivindicação 2, inclui um mecanismo para levantar a placa de cobertura do tabuleiro à medida que o tabuleiro roda.

4. Um alimentador automático para animais de companhia, tal como descrito na reivindicação 2, possui meios de acoplamento mecânico que incluem uma barra de acoplamento no interior do cubo central do tabuleiro e uma reentrância complementar no elemento de acoplamento rotativo. A barra de acoplamento estende-se diametralmente ao longo do cubo.

5. O mecanismo para levantar a placa de cobertura do tabuleiro à medida que este roda inclui uma manga cilíndrica fixada à placa de cobertura e que rodeia o elemento de acoplamento rotativo, bem como uma manga que se estende para cima no cubo central do tabuleiro com um diâmetro semelhante. Os periféricos exteriores da manga cilíndrica e da manga extensível para cima têm dentes de serra complementares, em número idêntico ao dos pares de taças de água e de comida.

Um sistema de alimentação animal consiste num recipiente que aloja um microcontrolador, uma ou mais aplicações que estão a funcionar em pelo menos um processador de um dispositivo móvel e um ponto de acesso, todos ligados por uma rede de comunicações sem fios. Os alimentos consumíveis para animais de estimação são mantidos no contentor. Os consumíveis são distribuídos e fluem através de uma abertura no contentor e para uma calha. O nível dos consumíveis no contentor é monitorizado por um sensor, que está ligado a um microcontrolador e lhe envia informações sobre o nível. O microcontrolador utiliza então a informação para decidir se o nível dos consumíveis está abaixo de um nível pré-determinado. Quando o nível desce abaixo do limiar, o microcontrolador inicia a comunicação com um fornecedor distante através da rede de comunicações sem fios [38].

Reclamações:

Um sistema de alimentação animal, compreendendo:

Um dispositivo que inclui um microcontrolador, uma ou mais aplicações que são executadas em pelo menos um processador de um dispositivo móvel, pelo menos uma aplicação de um fornecedor remoto que é executada em pelo menos um processador de um servidor remoto, e um ponto de acesso, todos eles configurados para comunicar uns com os outros através de uma rede de comunicações; o recipiente que armazena consumíveis e tem uma abertura através da qual o sistema dispensa os consumíveis; uma calha para apanhar os consumíveis quando entram no recipiente através da entrada;

O sistema de alimentação animal da reivindicação 1, em que a encomenda de mais consumíveis para o sistema de alimentação animal faz parte do início da comunicação com, pelo menos, uma aplicação do vendedor remoto.

O sistema de alimentação animal da reivindicação 1, em que a rede local sem fios serve de rede de comunicações (WLAN).

O sistema de alimentação de animais descrito na reivindicação 3, em que a WLAN utiliza a norma de comunicações WiFi.

O sistema de alimentação animal da reivindicação 1, em que a rede de área pessoal sem fios serve de rede de comunicações (WPAN).

Quadro 2: Análise das patentes

Citação	US7650855 B2 [35]	US4248175 A [36]	US11006614 B2 [37]	US10743517 B2 [38]	Solução proposta
Software Aplicação			Aplicação móvel	Aplicação móvel	Aplicação móvel (MIT App Inventor)
Alerta Notificação				Notificação da aplicação móvel (distribuição de alimentos)	Notificação de aplicações móveis (nível alimentar, alimentos

					Dispensa e eliminação de alimentos)
Sistema Funcionalidade	Mecanismo de temporização	Mecanismo de temporização Tabuleiro rotativo	Mecanismo de temporização Tabuleiro rotativo	Mecanismo de temporização Tabuleiro rotativo	Mecanismo de temporização (distribuição e eliminação de alimentos) Tabuleiro rotativo de eliminação de alimentos Módulo de luz nocturna Célula de carga
Potência Fonte	Bateria	Bateria	Bateria	Bateria	Tomada de parede alimentada
Incorporado			Câmara	Câmara	Câmara
Contentor	Alimentação	Alimentos e água	Alimentação	Alimentação	Alimentos e água

O quadro 2 indica uma análise das lacunas das patentes e dos modelos de utilidade relacionados com a solução proposta, comparando as caraterísticas da solução proposta com as das soluções existentes. As caraterísticas consideradas na comparação incluem a aplicação de software, a notificação de alertas, a funcionalidade do sistema, a fonte de alimentação, os componentes incorporados e o contentor utilizado. Como mencionado, algumas soluções existentes não utilizam aplicações de software, enquanto outras utilizam aplicações móveis. Uma solução existente utiliza um sistema de notificação de alerta para informar os utilizadores de que os alimentos foram distribuídos. Todas as soluções existentes utilizam mecanismos de temporização para a funcionalidade do sistema, e a maioria inclui um tabuleiro rotativo. Todas as soluções existentes utilizam baterias como fonte de energia e algumas incluem câmaras como componentes incorporados. No entanto, a maioria das soluções existentes centra-se apenas na distribuição de alimentos e não inclui a água.

3. Informações sobre a concorrência

O Crabtek Wifi Smart Pet Feeder é um produto existente no mercado que é semelhante ao nosso estudo. Este produto está disponível em lojas em linha como a Shopee e a Lazada.

Fig. 6: Comedouro inteligente Crabtek Wifi para animais de estimação

Este produto inclui uma câmara HD, plano de alimentação, captura de vídeo e fotografia, temporizador, programação, à prova de humidade, áudio bidirecional e é controlável através de uma aplicação móvel, mesmo quando o dono do animal ou o pai do pelo está ausente, desde que tenha uma ligação à Internet. No que respeita ao preço, este produto custa P5.149.

Fig. 7: Comedouro inteligente para animais de estimação Cherry Home

O Cherry Home Smart Pet Feeder é um produto disponível no mercado online, como o Shopee e o Lazada. O nome do modelo deste produto é CPFEED01 Smart Pet Feeder com uma câmara. As principais caraterísticas deste produto são o controlo da aplicação WIFI inteligente, a ranhura para banco de potência, o programador de refeições, o áudio bidirecional, a visão nocturna por infravermelhos e a captura de fotografias e vídeos. Este produto tem uma capacidade de alimentação de 1,5 kg com um peso de 2,2 kg, uma entrada de alimentação de 5V2A, Wi-Fi 802.11 b/g/n, 2,4 GHz e uma câmara de 720p com um alcance de distância até 20 m. O preço deste produto é de P5 049.

Fig. 8: Comedouro para cães e gatos Smart Feed 3L

Este produto pode ser visto no mercado/lojas online, como a lazada e a shopee. Tem uma caraterística de alimentação a uma hora regular e alimentação manual com uma aplicação móvel disponível em IOS e android. Tem um funil de 3 litros para alimentos secos com um diâmetro máximo de 15mm. Este alimentador inteligente para animais de estimação também tem um mecanismo de rotação automática para resolver o problema dos congestionamentos de alimentos. O método de alimentação é apenas manual e automático, o tamanho do alimento é de até 15mm, a capacidade do funil é de 3L, e é usado apenas para alimentos secos para cães. O preço deste produto é P4.060.

Fig. 9: Comedouro inteligente para animais de estimação Rojeco

O Rojeco Smart Pet Feeder está disponível na sua loja e nos mercados online, como a lazada e a shopee. Este produto tem a caraterística de alimentar os animais de estimação usando o smartphone quando e onde o cliente quiser. Tem tanto a versão Wifi como uma versão de botão disponível onde o proprietário pode configurar um horário de alimentação através da aplicação usando o wifi, e uma versão de botão que define o temporizador incorporado no produto sem usar wifi ou a aplicação. Uma vez configurado, o horário será gravado na memória local do alimentador. Mesmo sem WIFI, continuará a alimentar-se automaticamente, mas não será recebida qualquer notificação através da APP se o alimentador não estiver ligado ao WIFI. O produto é adequado para cães e gatos, e o preço deste produto no mercado online é de P3,149.

- Quadro concetual

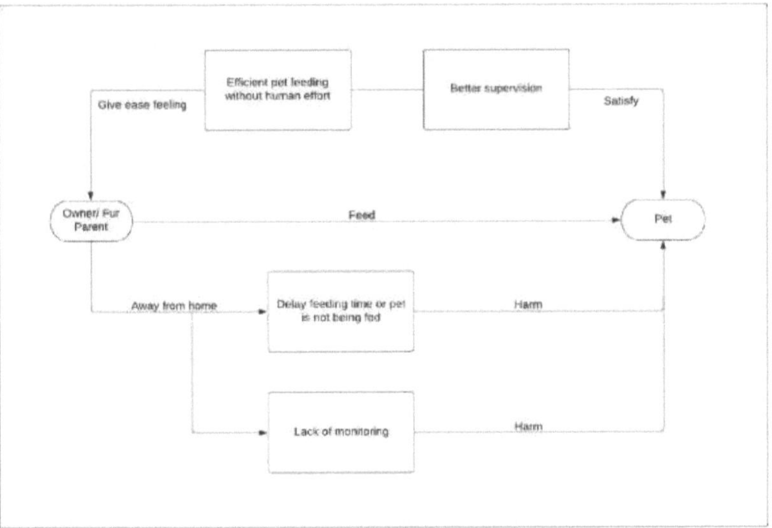

Fig. 10: Quadro concetual do estudo

A imagem acima ilustra o problema e os seus factores, bem como a solução proposta pelos investigadores num diagrama de blocos. Os investigadores começaram por identificar a raiz do problema no facto de os cães serem inevitavelmente deixados sozinhos em casa. Consequentemente, os donos não poderiam alimentar os seus animais de estimação manualmente, o que poderia causar resultados terríveis em termos da saúde dos cães.

Por outro lado, o diagrama também mostra possíveis experiências prejudiciais, como a falta de controlo e o atraso na alimentação. Em contrapartida, as soluções propostas no estudo de caso, como uma melhor supervisão e uma alimentação automática eficiente, também foram incluídas para mostrar as capacidades e funcionalidades do sistema proposto.

- Síntese da literatura

O processo de desenvolvimento da investigação passou por várias fases de planeamento, consulta e teorização de todas as implementações possíveis dos conceitos de Engenharia para desenvolver as caraterísticas do estudo. Antes disso, os pesquisadores também analisaram a viabilidade do desenvolvimento das funcionalidades propostas. A figura acima mostra todos os procedimentos e acções pelos quais os investigadores passaram e que levaram o grupo a realizar uma investigação sobre o tema identificado.

Síntese da técnica anterior mais próxima

Tabela 3: Análise das lacunas da literatura relacionada

Citação	S.Koley, S.Srimani, D.Nandy, P.Pal [16]	B.Saputro, F.Dandha, L.Rusdiyana [18]	V. Kirbac, L. Kouhalvandi [19]	Devika [20]	Solução proposta
Aplicação de software		Software de aplicação Blynk	Software de aplicação Blynk	Software de aplicação Blynk	Inventor de aplicações do MIT
Alerta			Notificação	Aplicação para	Notificação por

Notificação			por aplicação móvel (Alimentação Diminuição)	telemóvel e computador (Refill e Feeding Alert)	aplicação móvel (nível alimentar, Food Dispensa e eliminação de alimentos)
Funcionalidade do sistema	Mecanismo de temporização Célula de carga	Mecanismo de temporização	Mecanismo de temporização	Mecanismo de temporização Gravação de voz	Mecanismo de temporização (distribuição e eliminação de alimentos) Tabuleiro rotativo de eliminação de alimentos Módulo de luz nocturna Célula de carga
Potência Fonte	Bateria	Alimentado por tomada de parede	Bateria	Bateria	Tomada de parede alimentada
Incorporado				Câmara	Câmara
Contentor	Alimentação	Alimentação	Alimentação	Alimentos e água	Alimentos e água

O quadro apresenta 4 estudos e literatura relacionados com a utilização de alimentadores automáticos para animais de companhia, alguns dos quais utilizam uma aplicação de software denominada Blynk. Dois destes comedouros têm sistemas de notificação de alertas, um dos quais é acionado quando o nível de comida diminui e o outro para alertas de reabastecimento e alimentação. As funcionalidades do sistema dos quatro estudos relacionados variam, incluindo mecanismos de temporização, distribuidores automáticos de alimentos, gravadores de voz e células de carga. Embora alguns dos comedouros sejam alimentados por pilhas e tomadas de parede, a maioria depende de pilhas. Apenas uma das literaturas relacionadas inclui uma câmara para fins de monitorização, e os comedouros têm um recipiente para a comida ou recipientes separados para água e comida. A solução proposta para um alimentador automático de animais de estimação utiliza uma aplicação móvel para aceder à câmara no protótipo e inclui também uma célula de carga para saber quando o nível de comida está baixo. O comedouro tem uma eliminação automática de alimentos e um fotoresistor ou sensor noturno que acende a luz em condições de fraca luminosidade. O protótipo é alimentado por uma tomada de parede e tem recipientes separados para comida e água. A câmara está incluída no protótipo para permitir ao utilizador monitorizar o seu animal de estimação à distância.

Capítulo 3

METODOLOGIA

Este capítulo aborda a metodologia e os procedimentos de investigação utilizados no estudo. Esta secção inclui métodos de investigação detalhados, requisitos de investigação, resultados, o pipeline de desenvolvimento, as especificações de investigação e as métricas de investigação. Além disso, nesta secção são especificadas as concepções físicas e experimentais.

A. Conceção da investigação

A metodologia utilizada na recolha e análise dos dados é um método quantitativo, e a ferramenta que os investigadores utilizarão é o google forms para a recolha de dados. Os investigadores utilizam métodos quantitativos porque o requisito para os inquiridos no estudo de caso é de 100 inquiridos ou mais. O método quantitativo é adequado para analisar e avaliar os resultados de inquéritos que utilizam uma vasta população. Os formulários do Google produzirão gráficos e quadros para os resultados do inquérito. A utilização do Google Forms tem uma boa vantagem para os investigadores, uma vez que já produz gráficos e diagramas dos resultados do inquérito. O resultado do inquérito deve ter pelo menos 90% ou mais de inquiridos que concordem em utilizar o produto quando este estiver concluído.

Os investigadores utilizaram o método Agile para desenvolver o protótipo. O projeto foi inicialmente dividido em partes ou por caraterística, e as melhorias foram continuamente aplicadas após uma tarefa. Cada investigador tem a sua própria tarefa no desenvolvimento do projeto, as tarefas foram divididas por caraterística e, em seguida, todas foram combinadas num único sistema ou protótipo.

B. Especificação das caraterísticas

Os investigadores pretendem criar um alimentador automático para animais de estimação que ajude os pais ou donos de animais de estimação a não se preocuparem em deixar o(s) seu(s) animal(ais) de estimação sozinho(s) em casa. Já existem alimentadores inteligentes/automáticos para animais de estimação no mercado, mas os investigadores procuram melhorar e acrescentar funcionalidades a este produto existente. Os investigadores navegaram na Internet e procuraram mercados que vendem alimentadores inteligentes/automáticos para animais de estimação, como a lazada e a shopee. Os investigadores fizeram uma lista das funcionalidades e caraterísticas disponíveis no mercado, sendo necessário obter análises dos produtos e dos clientes. Estas darão aos investigadores uma ideia das possíveis caraterísticas e funcionalidades a acrescentar, diferenciando o produto existente do produto que o grupo pretende criar. Os investigadores fazem primeiro uma entrevista antes de realizarem um inquérito para garantir que
alguns pais de animais estão dispostos a utilizar este tipo de produto e a saber se existem funcionalidades e caraterísticas que gostariam de ver no comedouro para animais de companhia e que não estão disponíveis no mercado.

Os investigadores recolheram dados de 102 inquiridos e, nos resultados, 96,1% dos inquiridos responderam "SIM" que utilizariam um alimentador inteligente/automático para animais de estimação. Estes resultados mostram que a maioria dos inquiridos está disposta a utilizar este produto. Os resultados do inquérito revelaram boas respostas para as caraterísticas funcionais do produto. O produto terá uma aplicação que ajudará os donos a monitorizar os seus animais de estimação enquanto estiverem fora de casa. O produto também terá uma aplicação que enviará uma notificação quando o recipiente de comida precisar de ser reabastecido. O comedouro inteligente para animais de estimação terá também uma câmara que ajudará os donos a monitorizar os seus animais de estimação através da aplicação quando não estão em casa. Os investigadores acrescentarão também uma funcionalidade com um sensor de luz que acende automaticamente a luz quando detecta escuridão. Por fim, uma tomada de parede alimentará o alimentador inteligente para animais de estimação.

1. Oportunidades de mercado identificadas

Os investigadores pretendem criar um alimentador inteligente para animais de estimação que ajude os pais ou donos de animais de estimação a não se preocuparem em deixar os seus animais sozinhos em casa. Muitos pais de peles deixam o(s) seu(s) animal(ais) de estimação sozinho(s) em casa, e a(s) razão(ões) para tal são o trabalho, a escola ou as viagens. O produto que os investigadores pretendem criar tem uma aplicação que ajudará os donos a monitorizar os seus animais de estimação quando estão fora de casa. Com a ajuda do produto, os pais ou donos de animais de estimação não teriam de se preocupar em alimentar o(s) seu(s) animal(ais) de estimação quando não estão em casa. Aumenta a procura de comedouros para animais de estimação, sobretudo de comedouros inteligentes/automáticos e fáceis de utilizar. O mercado do produto identificado será o das lojas em linha, como a lazada e a shopee, uma vez que já existem no mercado em linha alimentadores inteligentes/automáticos para animais de companhia.

Já existem alimentadores inteligentes/automáticos para animais de companhia, mas os investigadores procuram melhorar este produto. Os investigadores procuram as análises dos produtos existentes no mercado para obterem mais ideias e informações sobre as possíveis funcionalidades e caraterísticas a acrescentar ao alimentador inteligente/automático para animais de estimação atual ou existente. Os investigadores fazem uma entrevista antes de realizar um inquérito para garantir que alguns pais de animais estão dispostos a utilizar este tipo de produto e para saber se existem funcionalidades e caraterísticas que gostariam de ver no alimentador de animais de estimação que não estão disponíveis no mercado. Os investigadores recolheram dados de 102 inquiridos e, de acordo com os resultados, 99% dos inquiridos têm animais de estimação no seu agregado familiar e

95,1% consideram-se pais de animais com pelo. No gráfico, 93,1% dos inquiridos não possuem um alimentador inteligente/automático para animais de companhia, mas 52,9% já ouviram falar deste tipo de produto. Dos 102 inquiridos, 96,1% responderam "SIM" que utilizariam um alimentador inteligente/automático para animais de companhia. Estes resultados mostram que a maioria dos inquiridos está disposta a utilizar este produto.

2. Especificação dos requisitos

Após a realização de inquéritos, várias consultas, entrevistas informais e discussões em grupo, os investigadores apresentaram ideias únicas que poderiam ser acrescentadas como caraterísticas ao protótipo, considerando também a possibilidade de este ser criado. Tanto quanto possível, os investigadores quiseram acrescentar especificações que fossem fáceis de criar, mas únicas e essenciais. Após semanas de recolha de dados, os investigadores decidiram quais as funcionalidades a acrescentar e quais as que não deviam ser acrescentadas, e consideraram a quantidade de tempo disponível para desenvolver o projeto em si.

Com base em discussões de grupo e consultas com o orientador da tese, que também é pai de um animal de estimação, a funcionalidade de reabastecimento automático de comida e água não é recomendada, uma vez que promove uma maior exposição a germes e contaminação. As luzes também foram sugeridas pelos inquiridos no inquérito realizado, tendo o grupo considerado igualmente que seria essencial, especialmente para os donos de animais que vão estar fora de casa durante 24 horas ou mais. As notificações também foram consideradas uma caraterística essencial do projeto, uma vez que lembram o dono, através da aplicação móvel, se a comida do animal de estimação precisa de ser reabastecida.

3. Análise de viabilidade

A avaliação de todos os factores-chave pertinentes ao projeto é essencial para que os investigadores possam determinar os contras e os prós da implementação do projeto. O estudo de viabilidade discute a viabilidade operacional, técnica e financeira que ajudará o grupo a dar uma imagem clara do orçamento necessário para a criação do projeto.

Viabilidade operacional

Os investigadores pretendem criar um alimentador automático para animais de estimação que ajudará os pais ou donos de animais de estimação a não se preocuparem em deixar o(s) seu(s) animal(ais) de estimação sozinho(s) em casa. Para cumprir o objetivo do estudo, o grupo faz um processo de planeamento para que a implementação do projeto seja bem sucedida. Os investigadores inquiriram 102 inquiridos, localizados em NCR e 4-A Calabarzon. Os investigadores estão a planear a realização de testes de implantação a partir desses locais. Dos 102 inquiridos, 96,1% estão dispostos a utilizar o produto. Seria uma grande ajuda para nós, investigadores, se eles participassem na utilização do nosso produto para os testes de implantação.

Viabilidade técnica

Não há problemas com a disponibilidade de equipamento ou ferramentas para a realização e implementação do projeto; todos os componentes necessários para a criação do hardware não são difíceis de encontrar, uma vez que existem lojas e lojas online que os investigadores podem visitar. Para a criação do software, existem aplicações descarregáveis, como o android studio, para desenvolver a aplicação móvel. Todos os membros do grupo têm os seus computadores portáteis para efeitos de codificação.

Viabilidade financeira

Os investigadores procuraram na Internet os mercados que vendem comedouros inteligentes/automáticos para animais de companhia, uma vez que são os concorrentes. Isto dá uma ideia dos custos totais da criação do produto. Serão utilizados muitos componentes electrónicos no fabrico deste produto, mas todos eles são financeiramente viáveis. Os investigadores planearam visitar as lojas que vendem os componentes electrónicos necessários para criar o hardware para fazer uma pesquisa de preços dos componentes ou materiais e o mesmo com lojas online como a lazada e a shopee. Após a pesquisa de preços, os investigadores podem determinar o custo possível do desenvolvimento do produto.

Quadro 4: Quadro de síntese dos componentes

Componentes	Custo estimado	Quantidade	Custo final estimado
ESP 8266	P150	1	P150.00
Motor CC de alto torque MG-996R	P275.00	2	P550.00
ESP32-CAM Módulo de câmara ESP32-S OV 2640 2MP	P 800.00	1	P800.00
Fotoresistor 5mm sensível à luz	P35.00	5	P35.00

LED	P50.00	3	P150.00
Servo 360	P250.00	1	P250.00
Servo 180	P150.00	1	P150.00
Fios de ligação	P60.00	3	P180.00
Fonte de alimentação (3v - 12Ω)	P650.00	1	P650.00
Célula de carga (10kg)	P100.00	1	P100.00
Módulo HX711	P750.00	1	P750.00

4. Requisitos funcionais

Para determinar os requisitos do sistema, os investigadores inquiriram 102 tutores ou proprietários de animais de estimação para obter as suas opiniões sobre se as funcionalidades e caraterísticas do produto são essenciais. O produto que os investigadores pretendem criar já existe, o alimentador automático para animais de estimação, mas os investigadores pretendem melhorar e acrescentar funcionalidades a este produto existente.

Os resultados do inquérito revelaram boas respostas para as caraterísticas funcionais do produto. O produto terá uma aplicação que ajudará os donos a monitorizar os seus animais de estimação quando estiverem fora de casa, e 94,1% dos inquiridos responderam "SIM" que é essencial. O comedouro inteligente para animais de estimação também terá uma câmara que ajudará os tutores a monitorizar os seus animais de estimação através da aplicação quando não estão em casa, e 95% dos inquiridos responderam "SIM" que é uma caraterística essencial. O produto também terá um recipiente para água, e 94,1% responderam "SIM" que é uma caraterística importante. 86,1% dos inquiridos responderam "SIM" que é essencial que um alimentador inteligente/automático para animais de estimação tenha um sensor de luz que acenda automaticamente a luz quando detecta escuridão.

Este estudo centra-se em sete requisitos de funcionalidades/caraterísticas que são os seguintes

- Aplicação móvel

Esta funcionalidade permite que os pais ou donos dos animais de estimação recebam uma notificação quando a comida precisa de ser reabastecida. Também dá ao utilizador a capacidade de monitorizar os seus animais de estimação enquanto estiver fora das respectivas residências.

- Câmara

O produto é composto por uma câmara para ver o animal de estimação; isto ajudará o proprietário se quiser verificar ou ver o(s) seu(s) animal(is) de estimação.

- Recipiente rotativo para alimentos

O recipiente para alimentos pode ser rodado e está ligado a um servo para a eliminação automática de alimentos.

- Sensor de luz/fotorresistor

Este tipo de sensor acende automaticamente as luzes quando detecta escuridão, uma vez que o proprietário pode colocar ou colocar o produto num local escuro à noite.

- Eliminação automática de alimentos

O produto também vem com eliminação automática de alimentos para evitar a contaminação. O utilizador pode eliminar manualmente os alimentos no contentor utilizando a aplicação móvel e, além disso, tem uma funcionalidade automática em que elimina os alimentos 15 minutos antes da distribuição de alimentos programada.

- Alimentação automática e manual

O sistema é composto por duas variedades para o utilizador alimentar o seu cão. Através da aplicação móvel, o utilizador pode enviar guloseimas ao seu cão utilizando a alimentação manual. Há também casos em que o utilizador não pode atender o seu cão, e é aqui que a alimentação automática pode ser utilizada. A alimentação automática depende da forma como o utilizador pretende que o seu cão seja alimentado. Existe também uma tabela verificada por um veterinário profissional que indica a quantidade de alimentos e quantas refeições por dia devem ser servidas ao cão, de acordo com a sua idade e raça.

- Bico de água para animais de estimação

Esta funcionalidade já era uma tecnologia existente que foi acrescentada ao protótipo. Está anexada no lado esquerdo do protótipo.

C. Restrições de conceção

Nesta secção, os investigadores irão explicar as limitações do desenvolvimento de cada caraterística em cada critério de restrição. Além disso, são incluídos aqui os factores considerados pelo grupo no desenvolvimento do protótipo atual.

1. Técnica

- Sistema de iluminação automática - acende automaticamente as luzes se detetar escuridão utilizando um fotoresistor.
- Câmara de vigilância e sistema de notificação (aplicação móvel) - monitorizar o cão de estimação com uma câmara e receber notificações se a comida atingir um determinado nível baixo (1 kg ou 33%). O sistema também enviará um alerta pop-up se o protótipo distribuir automaticamente a comida com base no horário.
- Programação horária - distribui os alimentos a uma determinada hora, consoante o número de refeições por dia. Para duas vezes por dia, existe um intervalo de 12 horas, o que faz com que a primeira refeição seja distribuída às 8 horas e a segunda às 20 horas. Por outro lado, para três vezes por dia, existe um intervalo de 5 horas, a primeira refeição será distribuída às 7 horas, a segunda às 12 horas e a última às 17 horas.
- Tabuleiro de eliminação automática de alimentos - elimina automaticamente os alimentos de 15 em 15 minutos após a distribuição do . Esta função também pode ser controlada manualmente.

Após várias deliberações e discussões em grupo, todas as caraterísticas serão incluídas. O horário para escolher o número de refeições por dia basear-se-á na documentação fornecida pelos investigadores que mostra a hora possível ou mais adequada para dar comida ao cão de companhia.

2. Saúde e segurança

O bem-estar dos animais é um fator essencial na criação deste protótipo, devendo o comedouro ser concebido para garantir a saúde e o bem-estar do animal de estimação. Isto inclui garantir que o animal tem acesso a uma quantidade suficiente e adequada de comida e água e que o comedouro é seguro e fácil de utilizar.

3. Ético

Há vários constrangimentos éticos e considerações éticas que devem ser tidos em conta na construção deste protótipo, nomeadamente o custo do produto e a privacidade. Uma vez que os investigadores estão preocupados com a situação financeira do possível utilizador final, uma das restrições éticas é o custo do produto. É por isso que os investigadores devem garantir que o protótipo é acessível no mercado. A consideração seguinte é a privacidade;

como o protótipo inclui uma câmara de vigilância, a privacidade do utilizador deve ser protegida. As considerações éticas aqui incluem a privacidade do utilizador final ou do indivíduo e a privacidade doméstica.

4. Culturais

Ao criar um alimentador automático para cães, os investigadores devem ter em conta os constrangimentos culturais para se certificarem de que o protótipo está alinhado com as práticas e crenças culturais. Existem alguns condicionalismos culturais a ter em conta:

- Nível de ruído - uma vez que algumas culturas são muito sensíveis ao ruído, é importante que o produto ou protótipo possa funcionar silenciosamente para evitar distracções ou perturbações para os outros.
- Rituais de alimentação - existem diferentes culturas que têm diferentes tipos de rituais ou práticas de alimentação no que diz respeito à forma como alimentam os seus cães. Alguns pais de peles, por exemplo, preferem alimentar os seus cães à mão e dar comida num determinado horário. Por isso, certifique-se de que o alimentador automático de cães respeita este tipo de prática alimentar, uma vez que é a que eles utilizam.
- Aceitação da tecnologia - o produto deve ser convivial ou fácil de utilizar, porque há pais peludos que não estão familiarizados com as novas tecnologias.

5. Social

Os constrangimentos sociais são os factores que podem surgir enquanto os investigadores estão a realizar o projeto. Haverá oposição e maior interesse no projeto por parte das pessoas. Os investigadores devem determinar a pressão das preocupações do público, que pode tornar-se uma observação crítica. O projeto que os investigadores estão a planear é para donos de cães ou pais de peles. As observações e opiniões dos donos de cães são necessárias para o projeto e podem causar uma alteração importante no plano da investigação. Este tipo de constrangimentos faz parte da preocupação pública e é rotulado de "nimbyism" ou "not in my backyard".

6. Ambiental

Quando se trata de restrições ambientais, há alguns factores que devem ser recordados ou praticados. São eles:

- Materiais - certifique-se de que os materiais utilizados são ecológicos, para que não tenham um impacto negativo no ambiente.
- Invólucro - o invólucro deve ser feito de materiais sustentáveis e provenientes de uma fonte renovável, como o contraplacado e muitos outros.

7. Sustentabilidade

O protótipo deve ser sustentável. O alimentador deve ser concebido com a sustentabilidade em mente, utilizando materiais e práticas que sejam amigos do ambiente e minimizem o desperdício. Além disso, o porcionamento dos alimentos é importante; o protótipo deve ser capaz de controlar a quantidade de alimentos a distribuir para garantir que ajudará a reduzir o desperdício.

8. Económico

Os constrangimentos económicos estão relacionados com o orçamento do projeto e a afetação dos recursos que os investigadores utilizarão durante a realização do projeto. Os investigadores devem afetar os recursos de forma apropriada ou adequada para se certificarem de que não haverá problemas em termos do orçamento do projeto. As restrições económicas não se referem apenas ao orçamento global de que os investigadores necessitam, mas também ao fluxo de caixa através da cadeia de abastecimento. Haverá falência se o fluxo de caixa não for determinado. São muitas as considerações que os investigadores têm de determinar quando se trata das restrições económicas mais amplas.

9. Jurídico

Os constrangimentos legais são os muitos regulamentos que os investigadores devem seguir ao realizarem as actividades necessárias à investigação. A investigação deve seguir a lei, os requisitos de segurança, o planeamento e todos os regulamentos ao realizar a investigação. Existem muitas sanções e até possíveis processos penais se as leis e os regulamentos não forem cumpridos. O projeto que os investigadores estão a planear desenvolver destina-se a animais domésticos, como os cães, o que significa que será necessário um cão para a experiência do produto. Os investigadores têm de seguir as leis que protegem e promovem o bem-estar de todos os animais nas Filipinas, como a Secção 1 da Lei da República 8485 e a Secção 7 da Lei da República 10631. As considerações legais mais importantes que os investigadores não devem esquecer estão relacionadas com os inquiridos ou participantes na investigação. Os investigadores devem manter a privacidade e a proteção das informações dos participantes no estudo.

10. Físico

Os componentes electrónicos utilizados dependem, na verdade, das caraterísticas que serão incluídas no projeto. Para o módulo de luz nocturna, foram utilizados componentes como fotoresistências, luzes led e resistências. Para os módulos servo de distribuição e disposição, foram utilizados componentes como servomotores. E para a funcionalidade geral do sistema, foram utilizados componentes como o módulo de redução, a célula de carga, o descodificador (Hx711), a fonte de alimentação, os fios de ligação, o ESP32 Cam para a câmara e o ESP8266 para o microcontrolador.

D. Arquitetura do sistema

O sistema inclui funcionalidades que ajudam os pais ou donos de animais a não se preocuparem com o facto de deixarem os seus animais sozinhos em casa. Relativamente ao software, a ferramenta que os investigadores utilizarão para criar o software ou a aplicação móvel é o MIT Application. Esta ferramenta ajudará os investigadores a criar uma aplicação móvel que se ligue ao hardware ou ao produto. Relativamente ao hardware, o microcontrolador que o investigador utilizará é o ESP8266, que é necessário para a codificação ou programação. Os investigadores utilizarão vários componentes electrónicos, tais como servo, cabos/fios, relé, célula de carga, descodificador (módulo HX711), fita LED, fotoresistor, câmara (ESP32Cam), microcontroladores, fonte de alimentação e módulo de redução USB.

1. Fluxo de trabalho do sistema

Proprietário do animal de estimação/Pai de peles - Este utilizador é o que deve configurar o alimentador automático de animais de estimação no caso de deixar o animal sozinho em casa. O utilizador também pode aceder à câmara instalada no dispositivo através de uma aplicação móvel. Será enviada uma notificação para a aplicação móvel do utilizador se a comida do animal de estimação no protótipo estiver num nível baixo (1 kg ou 33%). Existe também uma funcionalidade que permite ao utilizador dispensar e eliminar manualmente os alimentos com a utilização da aplicação móvel. Aparecerá também uma mensagem pop-up quando o protótipo

alimentos servidos automaticamente com um registo de data e hora.

2. Conceção funcional

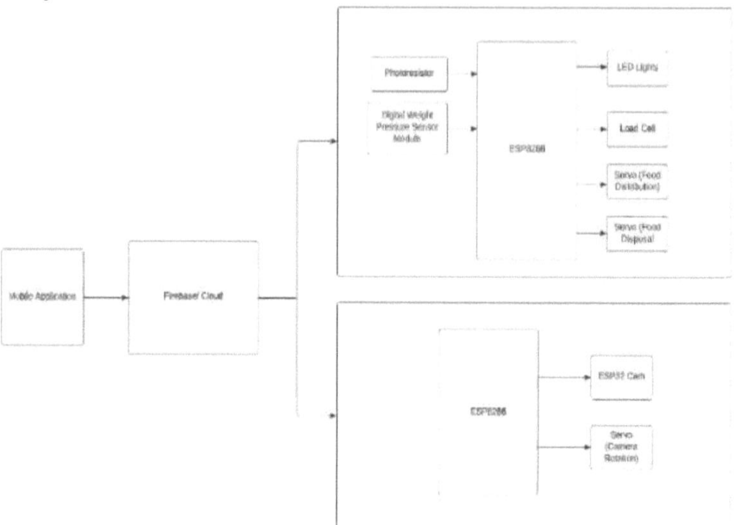

Fig. 11: Diagrama de blocos do sistema

A figura acima ilustra as caraterísticas do sistema numa perspetiva de diagrama de blocos. Em primeiro lugar, o fotoresistor, que está incluído no sistema de iluminação automática do protótipo, detecta a falta de luz numa determinada área e faz com que as luzes LED se acendam automaticamente. Seguem-se a câmara e a célula de carga ou o sensor de peso, ambos ligados e acessíveis através da aplicação móvel. O utilizador pode aceder à câmara instalada no dispositivo inteligente mesmo estando fora de casa, a célula de carga destina-se a detetar o peso do recipiente para a comida do animal de estimação e envia uma notificação para a aplicação móvel do utilizador se este atingir um determinado nível (1 kg ou 33%). Todos os componentes funcionam de acordo com os dados de entrada que recebem da aplicação móvel para a nuvem Firebase.

3. Conceção de software

Nesta secção, apresenta-se a conceção do software do sistema e discute-se também a especificação do software, o pipeline do sistema e a conceção do algoritmo. Para facilitar a compreensão do sistema, esta secção apresenta várias ilustrações de diagramas.

Especificação do software

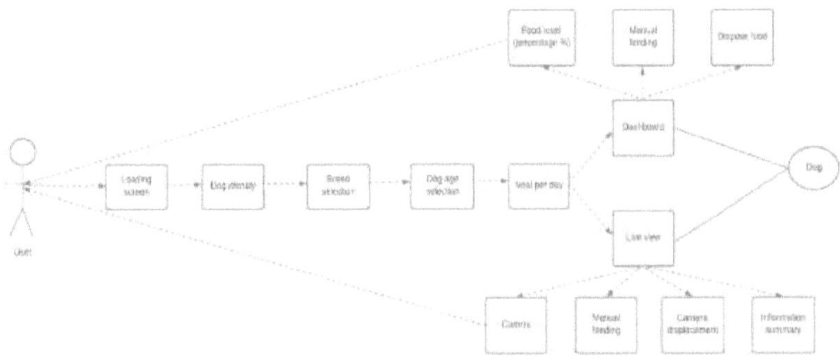

Fig. 12: Especificação de software do sistema

O diagrama de caso () representa o utilizador e o cão como actores. O passo inicial do utilizador é introduzir o nome do cão. Em seguida, o utilizador deve selecionar uma raça de cão: brinquedo (0,5 kg-6,9 kg), pequeno (7 kg-13,9 kg), médio (14 kg-22,9 kg) ou grande (23 kg-41 kg). Em seguida, o utilizador escolhe a faixa etária do seu cão entre 0 e 1 ano, 1 e 10 anos e 11 anos ou mais. O passo seguinte é escolher o número de refeições por dia, se são duas ou três refeições por dia. Também indica o número de refeições necessárias por dia com base na raça. Depois de introduzir todas as informações necessárias, o utilizador passa para o painel de controlo, onde pode visualizar a % do nível de alimentos e regular manualmente a distribuição e eliminação de alimentos. Finalmente, a visualização em direto é onde o espetador pode observar o cão através de uma câmara. O ecrã de visualização em direto também inclui um botão de alimentação manual e um resumo das informações sobre o cão

Sistema de condutas

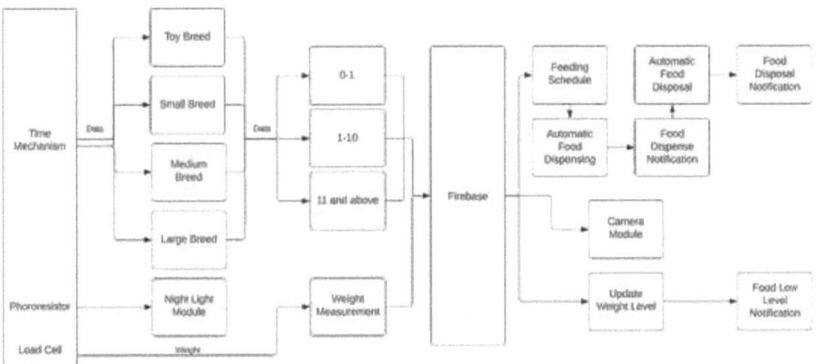

Fig. 13: Pipeline do sistema

A figura acima mostra o pipeline do sistema que o estudo irá utilizar. Como se pode ver, haverá três (3) dados de entrada no sistema. O mecanismo de temporização fornecerá o horário de alimentação em função dos dados que o utilizador escolherá entre raças e idades. Os dados serão processados no Firebase para fornecer a programação por dia e a quantidade de comida a ser distribuída. Depois de a comida ser distribuída, a eliminação automática da comida será activada e será também apresentada uma notificação. O fotoresistor é utilizado para o módulo de luz nocturna para fornecer luz na ausência de luz, de modo a que o utilizador possa monitorizar o seu cão através de uma aplicação móvel. A célula de carga é utilizada para medir o peso da comida do cão que se encontra atualmente no recipiente. Se o peso medido for igual ou inferior a um (1) quilograma, será apresentada uma notificação de que o nível de comida está baixo.

Concepções de algoritmos

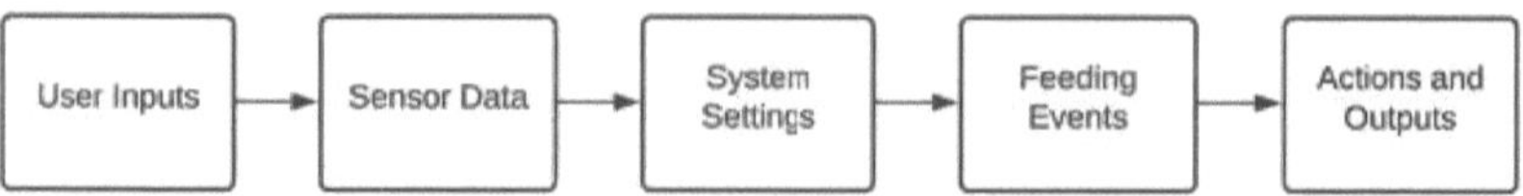

Fig. 14: Diagrama de obtenção de dados do sistema

A figura acima mostra o diagrama de elicitação de dados do sistema, em que o utilizador fornece detalhes relevantes sobre o seu animal de estimação, como a raça, a idade e a refeição por dia. O sistema fornecerá recomendações com base na tabela de distribuição de alimentos para cães validada. Os dados dos sensores, como o sensor de peso, irão recolher dados sobre o peso atual da comida no comedouro para notificar o utilizador se o comedouro precisar de ser reabastecido. Além disso, a câmara capta imagens por fotograma para que o utilizador possa monitorizar o seu cão de vez em quando. O mecanismo de temporização pode ser modificado através da configuração do sistema, que será determinado pelo horário de alimentação e pela porção de comida. O distribuidor de alimentos fornecerá porções de alimentos em função dos dados introduzidos pelo utilizador e emitirá uma notificação durante o processo de distribuição, além de eliminar automaticamente os alimentos após quinze (15) minutos e a célula de carga actualiza continuamente a quantidade restante de alimentos e emite uma notificação se o nível de alimentos for baixo.

4. Conceção da gestão de dados

A conceção da gestão de dados explica e mostra o ciclo de vida dos dados, incluindo as suas fontes, armazenamento, processamento e análise, nesta secção. Nesta etapa, a cadeia de valor dos dados deve ser tida em consideração.

Diagrama de fluxo de dados

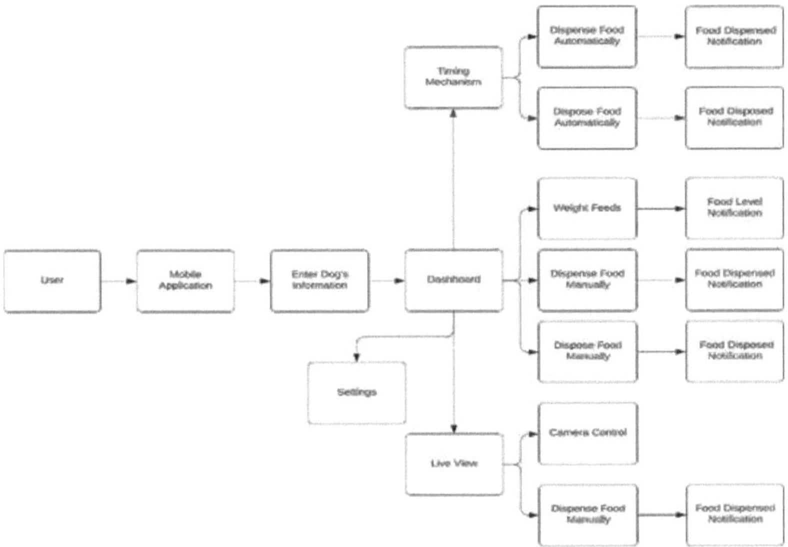

Fig. 15: Diagrama de fluxo de dados

A figura acima apresenta o diagrama de fluxo de dados, onde se mostra o fluxo do sistema. Neste fluxo de dados, o utilizador é o tutor do cão. Depois de abrir a aplicação móvel, o utilizador terá de introduzir as informações do seu cão, como o nome, a raça, a idade e a refeição por dia. Depois disso, o utilizador será direcionado para o painel de controlo, onde é apresentado o peso das rações, o botão de dispensa e o botão de eliminação para alimentação manual e eliminação. Ao clicar nos botões, aparece uma notificação quando a dispensa e a eliminação são efectuadas com êxito. Segue-se o botão de visualização em direto, onde o utilizador pode ver um vídeo que mostra a tigela e os seus arredores. Além disso, tem um botão de dispensa de alimentos para alimentação manual. Por último, as definições, onde o utilizador pode ver as informações do cão e também pode modificar ou alterar as informações introduzidas.

Diagrama Entidade-Relacionamento

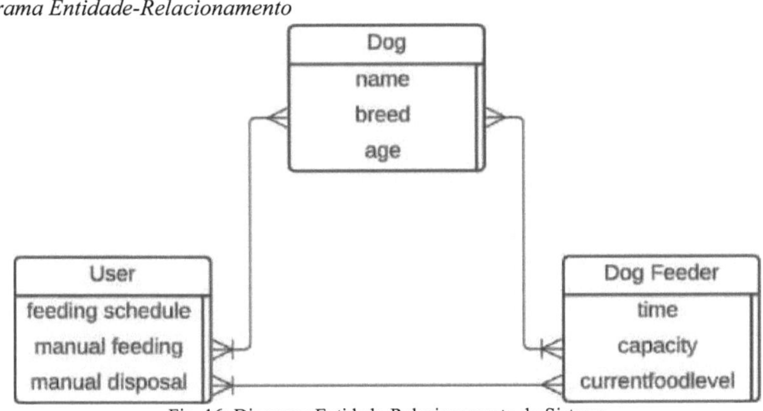

Fig. 16: Diagrama Entidade-Relacionamento do Sistema

A figura acima mostra o diagrama entidade-relacionamento (ERD) do estudo. O diagrama ERD mostra a relação de um objeto com outra entidade. Existem três tabelas no diagrama ERD do sistema, que são o utilizador, o cão e o alimentador do cão. A primeira tabela é constituída por um horário de alimentação, alimentação manual e eliminação manual. Está ligada à outra entidade ou tabela, que é o cão ou a segunda tabela. A primeira tabela está ligada à segunda tabela, uma vez que a tabela relativa ao cão se baseia nas informações introduzidas pelo utilizador. A terceira tabela, que é o alimentador do cão, é constituída pelo tempo, pela capacidade e pelo nível atual de comida. A terceira tabela está ligada à primeira tabela, uma vez que as informações da tabela do alimentador de cães se baseiam nos dados introduzidos pelo utilizador.

Diagrama de rede

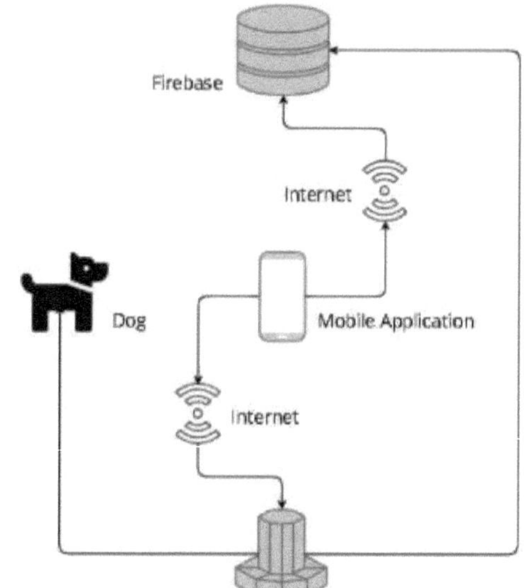

Figura 17: Diagrama de rede do sistema

A figura acima mostra o diagrama de rede do Pawsitive Care. A partir da aplicação móvel, os dados têm de ser transferidos através da Internet para o alimentador automático de cães ligado à base de incêndio. Depois de obter os dados necessários, a base de dados em tempo real fornecerá as informações necessárias à aplicação móvel, o que ajudará a monitorizar as actualizações em tempo real no sistema, tais como as notificações. Após a aquisição dos dados necessários, o mecanismo de temporização será atualizado e o sistema fornecerá um sistema de alimentação automática para o cão.

5. Conceção do hardware

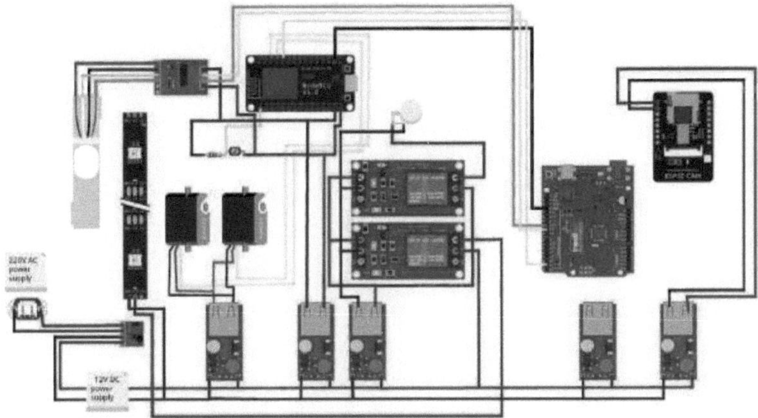

Fig. 18: Desenho de hardware/circuito

A imagem acima é o diagrama do circuito do protótipo constituído por diferentes componentes, tais como fonte de alimentação, descodificador (hx711), célula de carga, fita luminosa, servo, módulo de step-down, esp8266, fotoresistor, resistência, gizDuino UNO-SE e uma câmara esp32. No total, o circuito é composto por três microcontroladores, mas apenas dois deles foram utilizados principalmente para a configuração. O primeiro ESP8266 foi utilizado para o mecanismo de temporização dos servos, a célula de carga e a funcionalidade hx711, a luz nocturna e o módulo de relés. O gizDuino UNO-SE foi utilizado para guardar os dados da célula de carga, de modo a que, sempre que esta seja reiniciada automaticamente, os dados anteriores continuem a ser registados. Para regular a tensão de saída da fonte principal de 12V, foram utilizados módulos conversores redutores.

Para o ESP8266 principal utilizado, foram utilizados os seguintes pinos: D2, D3. D4, A0, GND e Vin. D2 e D3 foram utilizados para o sinal de dois servos utilizados para o módulo Dispensing and Disposing Servo. A0 foi utilizado para o fotoresistor, GND e Vin foram utilizados para a ligação à terra e para a entrada de alimentação do microcontrolador. Todos os outros componentes foram ligados diretamente à fonte de alimentação, pelo que o pino 3v3 não foi utilizado. Os pinos RX e TX não foram utilizados porque não podem ser utilizados para E/S normais ou para enviar/receber dados em série. D0, D1, D5, D6, D7 e D8 não foram utilizados porque existem pinos de E/S suficientes para os componentes eléctricos que devem ser ligados diretamente ao microcontrolador. Os pinos EN e RST não foram utilizados, uma vez que não tinham qualquer utilidade para a funcionalidade do sistema. Além disso, os pinos SD, CMD e CLK também não foram utilizados, uma vez que são utilizados para a configuração do cartão SD. Para o gizDuino Uno-SE, apenas foram utilizados os pinos 1, 9, 10 e terra. O pino 1 foi utilizado como TX/Transmissor para enviar dados para o D4 do ESP8266 que serviu de RX/Recetor, os pinos 9 e 10 foram diretamente ligados ao módulo HX711 para a célula de carga.

6. Design industrial

Esta secção ilustra e explica a conceção física do protótipo que pode ser arquivado como desenho ou modelo industrial.

Conceção do protótipo

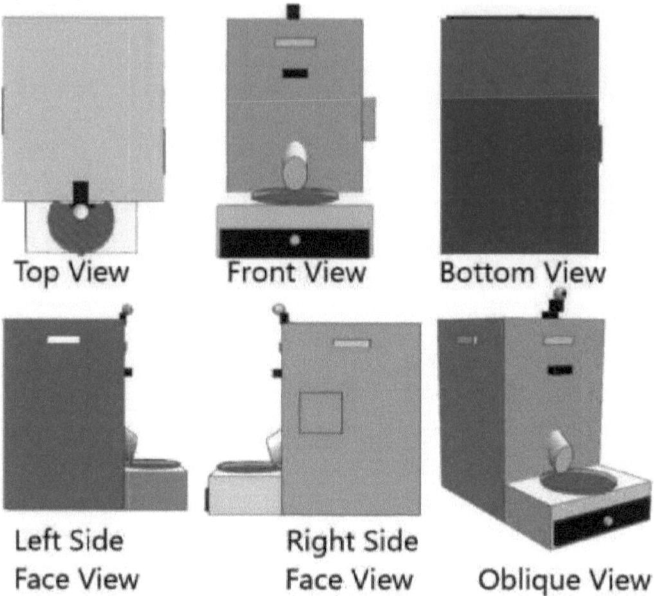

Fig. 19: Conceção do protótipo

O desenho 3D assistido por computador do protótipo foi efectuado utilizando a aplicação web Tinkercad. A Figura 4 mostra o desenho do protótipo do sistema, que inclui a vista superior, a vista frontal, a vista inferior, a vista lateral esquerda, a vista oblíqua e a vista lateral direita do desenho inicial do protótipo.

Interface gráfica do utilizador

Fig. 20 : Desenho da interface gráfica do utilizador do alimentador automático de cães

O alimentador automático para cães terá uma aplicação que ajudará os donos a monitorizar os seus animais de estimação quando estiverem fora de casa. O objetivo do produto, para além de poder monitorizar o(s) seu(s) animal(ais) de estimação enquanto está(ão) longe de casa, é também receber uma notificação quando o nível de comida está no nível crítico (1kg ou 33%). Para começar a utilizar a aplicação, clicar no seu ícone redirecciona automaticamente o utilizador para a interface gráfica da aplicação móvel. A aplicação perguntará ao utilizador o nome do seu cão, a raça, a idade e quantas refeições deve servir por dia. Após a recolha de informações, o utilizador é redireccionado para uma interface na qual pode aceder ao painel de controlo e à visualização em direto. Na parte do Dashboard, o utilizador pode ver a quantidade de comida que resta no contentor (em percentagem), existem também botões para alimentação manual e eliminação de comida. Na parte Live View (Visualização em direto), o utilizador pode aceder à câmara e movê-la utilizando as setas, existindo também um botão para alimentação manual. Também incluído no Live View, o utilizador pode ver as informações registadas do seu cão e permite-lhe editar todas as informações no local.

E. Conceção da experiência

Nesta parte específica do estudo de caso, serão identificados os testes e as métricas que serão utilizados para determinar a eficiência do protótipo.

1. Medição de desempenho

Existem várias formas de testar a funcionalidade do protótipo como um todo. E existem três factores que irão testar a eficácia da funcionalidade do sistema no seu todo: precisão, mecanismo de sincronização e teste real.

Teste de precisão

Mecanismo de temporização

Tipo de raças	Peso	Idade	Peso dos	Refeição por dia

			alimentos	
Raças de brinquedo	0,5-6,9 kg	0-1	75 gramas	3x por dia
		1-10	225 gramas	2x por dia
		11 anos ou mais	170 gr ams	2x por dia
Raças pequenas	7-13,9 kg	0-1	75 gramas	3x por dia
		1-10	300 gramas	2x por dia
		11 anos ou mais	225 gramas	2x por dia
Raças médias	14-22,9 kg	0-1	300 gr ams	3x por dia
		1-10	450 gr ams	2x por dia
		11 anos ou mais	375 gramas	2x por dia
Raças grandes	23-41 kg	0-1	450 gramas	3x por dia
		1-10	675 gramas	2x por dia
		11 anos ou mais	525 gramas	2x por dia

Fig. 21: Tabela de distribuição de alimentos para cães

A ilustração apresentada acima é a tabela de distribuição de alimentos para cães de acordo com a sua idade e raça. A parte mais importante desta tabela a ter em conta é o peso do alimento ou a dose de alimento, consoante o tipo de cão a que se destina. O atraso ou o tempo de rotação do servo é a parte mais crucial deste teste. O servo designado para a distribuição de alimentos deve estar no ponto e distribuir os alimentos com as medidas corretas com base na tabela.

Mecanismo de temporização

Tipo de raças	Idade	Refeição por dia
Raças de brinquedo	0-1	3x por dia
	110	2x por dia
	11 anos ou mais	2x por dia
Raças pequenas	0-1	3x por dia
	1-10	2x por dia
	11 anos ou mais	2x por dia
Raças médias	0-1	3x por dia
	1-10	2x por dia
	11 anos ou mais	2x por dia
Raças grandes	0-1	3x por dia
	1-10	2x por dia
	11 anos ou mais	2x por dia

Fig. 22: Refeições por dia de acordo com a tabela de idade e raça

Existem duas opções para escolher o número de refeições por dia para cães com base na tabela: 2 vezes ou 3 vezes por dia. A distribuição é baseada no fuso horário real introduzido no seu código. De acordo com Dogsee (2022), os cães que comem 2 vezes por dia devem ter 12 horas de intervalo entre uma refeição e outra, recomendando também um horário que é 8 horas da manhã e 8 horas da noite. Para 3 vezes por dia, a hora recomendada é 7h da manhã, 12h e 17h da tarde. A função de distribuição de alimentos deve funcionar automaticamente com base nos referidos períodos de tempo.

Testes reais

No teste real, o protótipo deve ser testado com o utilizador real do protótipo, que é o cão de estimação. Neste processo, o cão deve ser visto a comer através da utilização do protótipo. A colocação de todos os componentes e caraterísticas será testada se um cão real conseguir identificar facilmente onde comer a comida e onde obter água para consumo.

Indicadores-chave de desempenho

Quadro 5: Indicador-chave de desempenho para cada objetivo

Objectivos	Tarefa	KPI	Limiar
Desenvolver um dispositivo inteligente que tem a aplicação de conceitos de automação e sistemas embebidos que têm a capacidade de alimentar cães de estimação automaticamente sem qualquer esforço humano;	Automático Dispensar	Exatidão de Automático Alimentação (margem de erro)	< 15 gramas de excesso ou inadequado em relação ao valor exato
Conceber e integrar uma aplicação móvel para o sistema de monitorização e notificação; e	Visualização em direto Câmara	Latência	< 100 ms [42]
	Sistema de notificação	Velocidade de alerta (segundos)	< 2 segundos
Acrescentar um produto único mas essencial caraterísticas como a luz nocturna automática e a eliminação de alimentos para evitar a contaminação.	Luz nocturna Caraterística	LDR (Luz resistência dependente)	< 1000 Valor do LDR
	Função de eliminação de alimentos	Tempo de resposta (segundos)	< 5 segundos

2. Casos de teste

Esta secção do estudo aborda cada um dos testes realizados no sistema antes da implantação efectiva. Este teste irá garantir que o sistema ou uma das suas funcionalidades está a funcionar como deveria. Haverá três tipos de testes nos casos de teste: o teste de unidade, o teste de integração e o teste de sistema para garantir que todas as funcionalidades estão a funcionar de acordo com o que foi proposto.

Testes unitários

O programador cria e executa casos de testes unitários para se certificar de que as unidades individuais funcionam como pretendido [39]. Os testes unitários garantem que cada componente ou unidade está a funcionar corretamente antes de se proceder à integração das unidades.

Tabela 6: Testes unitários

ID do teste	Testes	Resultados dos testes
UT_ESP	ESP8266	O ESP8266 arrancará assim que a alimentação for aplicada.
UT_SM	Servomotores	Os servomotores funcionarão ou começarão a mover-se assim que o código for carregado.
UT_LC	Célula de carga	Pode medir o peso com exatidão.

UT_ESP32CAM	ESP32-Cam	O ESP32 Cam arrancará assim que a alimentação for aplicada. Pode mostrar vídeo em direto.
UT_PR	Fotoresistor	É capaz de detetar a ausência de luz.
UT_PS	Fonte de alimentação	Pode ser utilizado como fonte de alimentação quando ligado a uma tomada eléctrica.
UT_T	Relé	Pode executar a função de ligar e desligar quando ligado a um microcontrolador.
UT_LC	Descodificador	Pode converter sinais em dados.
UT_SDM	Módulo de descida de nível USB	Pode ser utilizado como meio de alimentação de energia para USB.
UT_LED	Fitas de LED	Ilumina-se quando ligado a uma fonte de alimentação.

A Tabela 6 mostra o resumo dos testes unitários, existem 12 testes unitários diferentes, o que significa que os investigadores testam os 12 componentes para garantir que cada componente está a funcionar corretamente, mesmo um pequeno detalhe de como está a ser testado será mostrado na tabela. Garantir que cada unidade do sistema está a funcionar corretamente é muito necessário antes de avançar para o passo seguinte, que é a integração das unidades. Os resultados dos testes apresentados na tabela são os resultados desejados para a funcionalidade de cada unidade ou componente.

Teste de integração

A fase de teste de integração é utilizada para identificar falhas que surgem através da interação de partes ou unidades integradas [40]. O teste de integração é a segunda fase do teste, depois de garantir que cada unidade está a funcionar ou a funcionar corretamente.

Tabela 7: Teste de integração

ID do teste	Testes	Resultados dos testes
IT_NLM	Módulo de luz nocturna	Ilumina-se quando o sensor detecta falta de luz numa determinada área.
IT_DSM	Módulo servo de distribuição	O servo gira automaticamente de acordo com o horário estabelecido, dado pela tabela de distribuição de alimentos
IT_DISM	Eliminação do módulo servo	O servo ligado a uma taça roda simultaneamente, provocando a eliminação dos alimentos.
IT_CAM	Módulo de câmara	A câmara está a funcionar corretamente.

O quadro 7 apresenta o resumo dos testes de integração de cada módulo. Existem cinco testes de integração diferentes que são o módulo de luz nocturna, o módulo de distribuição de alimentos,

módulo de eliminação de alimentos, módulo de relé e módulo de câmara. Os resultados dos testes apresentados na tabela são os resultados esperados da funcionalidade de cada módulo.

Teste do sistema

O teste de um sistema como um todo é conhecido como teste de sistema. A funcionalidade do sistema é testada através da integração de todos os módulos e componentes para verificar se o desempenho é o pretendido [41]. O teste do sistema é a terceira fase do teste, depois de garantir que a integração de cada módulo está a funcionar corretamente.

Tabela 8: Teste do sistema

ID do teste	Testes	Resultados dos testes
ST_MA	Aplicação móvel	Consiste em todos os botões para as funcionalidades do hardware
ST_FB	Firebase	Capacidade de enviar dados da aplicação móvel para o hardware.
ST_TM	Mecanismo de temporização	Capacidade de escolher o número de refeições por dia com base na tabela de distribuição de alimentos fornecida
		Capaz de distribuir alimentos automaticamente segundo um horário fixo.
ST_AN	Notificação de alerta	Possibilidade de receber uma notificação quando a quantidade de alimentos é reduzida.
ST_LC	Câmara em direto	A câmara mostrará o vídeo em direto para monitorizar o animal de estimação.
		Controlável através de uma aplicação móvel

A Tabela 8 mostra o resumo dos testes do sistema após a integração. Os investigadores irão realizar seis testes de sistema, nomeadamente a aplicação móvel, a rede, o mecanismo de temporização, a notificação de alerta, a câmara em direto e a luz nocturna. Os resultados esperados mostram que todos os sistemas estão a funcionar corretamente como previsto.

Capítulo 4

DADOS E RESULTADOS

Este capítulo aborda a investigação, os dados recolhidos e os resultados analisados das experiências efectuadas pelos investigadores. As análises de dados relevantes são feitas usando técnicas visuais, estatísticas ou numéricas para obter interpretações relevantes. Os dados relacionados com as métricas e os KPIs definidos são também apresentados neste capítulo, juntamente com a aderência do sistema criado ao modelo de qualidade apresentado na norma ISO/IEC 25010.

A. Resultados experimentais

Esta secção apresentará os resultados da experiência ou a experiência que é gerada por ou em nome da pessoa que experimentou, que pode ser designada por experimentador. O Pawsitive Care Dog Feeder é um dispositivo concebido para distribuir e eliminar alimentos de forma automática e manual. É programado ou codificado utilizando uma aplicação de software como o Arduino IDE, o MIT App Inventor e o Firebase para guardar os dados. O dono do cão pode monitorizar o cão utilizando a câmara do produto. Existe também um recipiente de água ou um bocal de água para o cão quando este sente sede. O recipiente para alimentos para cães pode conter um máximo de 3 kg de alimentos. Existe um progresso circular na aplicação móvel onde o utilizador pode verificar a quantidade atual de comida no recipiente. O dono do cão poderá alimentá-lo quando estiver longe de casa, o que reduzirá a sensação desconfortável de não poder alimentá-lo na altura certa.

Teste do calendário de distribuição e eliminação de alimentos

O alimentador de cães Pawsitive Care tem uma função de programação da alimentação e dispõe e distribui a comida de forma automática e manual. O mecanismo de programação é uma das caraterísticas do produto, o utilizador poderá escolher uma refeição por dia para o seu cão com base na tabela recomendada. O horário atual para 2x por dia é das 8:00 às 20:00 horas, e para 3x por dia é das 7:00 da manhã e das 12:00 para o almoço e das 17:00 para o jantar. Os investigadores também fazem várias experiências de distribuição e distribuição manual e automática de alimentos.

Número de identificação do teste	Tempo	Resultados
ADD2xv1	12:00 pm	A comida é distribuída automaticamente e com sucesso à hora desejada.
	12:05 pm	Os alimentos são eliminados automaticamente e com sucesso na altura desejada.
	12:10 pm	A comida é distribuída automaticamente e com sucesso à hora desejada
	12:15 h	Os alimentos são eliminados automaticamente e com sucesso na altura desejada.

Quadro 9: Experiência de dispensa e eliminação automática (2x por dia) Versão 1

A Tabela 9 mostra a experiência Número de identificação do teste ADD2xv1 de alimentação e eliminação automáticas duas vezes por dia. Os investigadores escolheram um intervalo de tempo de 5 minutos para a distribuição e eliminação automáticas. Os investigadores fizeram 2 experiências para a dispensa e também para a eliminação. Os resultados da experiência mostram que todo o tempo que está a ser testado é eliminado com sucesso e dispensado à hora desejada.

Número de identificação do teste	Tempo	Resultados
ADD2xv2	1:00 pm	A comida é distribuída automaticamente e com sucesso à hora desejada.
	13:05 h	Os alimentos são eliminados automaticamente e com sucesso na altura desejada.
	13:10	Os alimentos são eliminados automaticamente e com sucesso na altura desejada.
	13:10	Os alimentos são eliminados automaticamente e com sucesso na altura desejada.

Tabela 10: Experiência de dispensa e eliminação automática (2x por dia) Versão 2

A Tabela 10 mostra a experiência Número de ID de Teste ADD2xv2 de alimentar e descartar automaticamente duas vezes por dia. À semelhança da Tabela 10, os investigadores realizam 2 experiências com um intervalo de 5 minutos para a distribuição e distribuição. Os resultados da experiência mostram que todo o tempo que está a ser testado é eliminado com sucesso e dispensado à hora desejada.

Número de identificação do teste	Tempo	Resultados
ADD3xv1	1:30 pm	A comida é distribuída automaticamente à hora desejada.
	13:35h	Os alimentos são eliminados automaticamente e com sucesso na altura desejada.
	13:40h	A comida é distribuída automaticamente à hora desejada.
	13:45h	Os alimentos são eliminados automaticamente e com sucesso na altura desejada.
	13:50 h	A comida é distribuída automaticamente à hora desejada.
	13:55h	Os alimentos são eliminados automaticamente e com sucesso na altura desejada.

Tabela 11: Experiência de dispensa e eliminação automática (3x por dia) Versão 1

A Tabela 11 mostra a experiência Número de identificação do teste ADD3xv1 de alimentação e eliminação automática três vezes por dia. Os investigadores fazem 3 experiências com um intervalo de 5 minutos para a distribuição e eliminação de alimentos. Os resultados da experiência mostram que todo o tempo que está a ser testado é eliminado com sucesso e dispensado à hora desejada.

A dispensa e eliminação automáticas são uma das principais caraterísticas do produto, mas existe também uma funcionalidade de dispensa e eliminação manual na aplicação móvel, em que o utilizador pode clicar no botão de dispensa e eliminação manual. Se o utilizador quiser dar uma guloseima ao cão ou se o utilizador achar que a quantidade de comida que está a ser distribuída não é suficiente, existe um botão manual de distribuição.

Se o utilizador considerar que a quantidade que está a ser distribuída é superior às necessidades do cão, existe um botão manual para a eliminação. A dispensa e a eliminação automáticas já introduzidas ou definidas pelo utilizador não serão substituídas ou alteradas se o utilizador clicar no botão manual para dispensar e eliminar. Isto significa que o utilizador não precisa de se preocupar se a dispensa e eliminação automáticas serão afectadas pelo botão manual para dispensar e eliminar.

Dispensa manual

Número de identificação do teste	Tempo	Resultados
MDPEv1	2:00 pm	A comida é distribuída automaticamente e com sucesso à hora desejada.
	14:05h	Os alimentos são eliminados automaticamente e com sucesso na altura desejada.

Quadro 12: Experiência de distribuição manual Versão 1

A Tabela 12 mostra a experiência Número de ID do teste MDPEv1 de alimentação manual. Os investigadores realizaram 2 experiências de distribuição manual. Os resultados mostram que todo o tempo que está a ser testado é dispensado com sucesso.

Eliminação manual

Número de identificação do teste	Tempo	Resultados
MDPOv1	14:10	A comida é distribuída automaticamente e com sucesso à hora desejada.
	14:15 h	Os alimentos são eliminados automaticamente na altura desejada.

Tabela 13: Experiência de eliminação manual Versão 1

A Tabela 13 mostra a experiência Número de identificação do teste MDPOv1 de alimentação manual. Os investigadores fizeram 2 experiências de eliminação manual. Os resultados mostram que todo o tempo que está a ser testado é eliminado com sucesso.

Teste de exatidão do peso dos alimentos

Existe uma tabela de alimentação para cães que o grupo tem de seguir e esta tabela já foi validada por um veterinário profissional ou por um médico veterinário. A tabela também foi incluída na aplicação móvel para garantir que o utilizador da aplicação possa ver a tabela recomendada que o grupo forneceu. O grupo efectuou uma experiência de teste de precisão sobre o peso dos alimentos distribuídos para cada raça. Isto ajudará a saber se os resultados da distribuição de alimentos são exactos em relação ao peso esperado dos alimentos com base na tabela de alimentação dos cães.

Raças de brinquedo

Número de identificação do teste	Idade	Peso previsto dos alimentos	Resultados
TBATv1	0-1	75 gramas	81 gramas
	1-10	225 gramas	235 gramas
	11 anos ou mais	175 gramas	175 gramas

Quadro 14: Experiência de teste de exatidão para raças de brinquedo Versão 1

A Tabela 14 mostra o número de ID de teste TBATv1 da experiência de teste de exatidão para raças toy. Mostra que os resultados da distribuição e o peso esperado dos alimentos são, de certa forma, exactos, o que significa que há alturas em que a distribuição é muito exacta e outras em que é ligeiramente exacta. Existe apenas uma diferença de 6-10 gramas e, para as idades a partir dos 11 anos, a distribuição de alimentos é muito exacta em relação à tabela recomendada.

Número de identificação do teste	Idade	Peso previsto dos alimentos	Resultados
TBATv2	0-1	75 gramas	75 gramas
	1-10	225 gramas	232 gramas
	11 anos ou mais	175 gramas	175 gramas

Quadro 15: Experiência de teste de exatidão para raças de brinquedo Versão 2

O quadro 15 mostra o número de identificação do teste TBATv2 da experiência de teste de exatidão para raças toy. Mostra que os resultados da distribuição e o peso esperado dos alimentos são, na sua maioria, exactos, com uma diferença de 7 gramas para as idades 1-1.

Raças pequenas

Número de identificação do teste	Idade	Peso previsto dos alimentos	Resultados
SMATv1	0-1	75 gramas	80 gramas
	1-10	300 gramas	307 gramas
	11 anos ou mais	225 gramas	235 gramas

Quadro 16: Experiência de teste de exatidão para raças pequenas Versão 1

O quadro 16 mostra o número de identificação do teste SMATv1 da experiência de teste de exatidão para raças pequenas. Existe apenas uma diferença de 5-10 gramas entre a distribuição de alimentos e o resultado esperado. A distribuição de alimentos e o peso esperado dos alimentos nem sempre são os mesmos, mas desde que haja uma pequena diferença, o resultado é aceitável.

Número de identificação do teste	Idade	Peso previsto dos alimentos	Resultados
SMATv2	0-1	75 gramas	84 gramas
	1-10	300 gramas	298 gramas

	11 anos ou mais	225 gramas	231 gramas

Quadro 17: Experiência de teste de exatidão para raças pequenas Versão 2

O quadro 17 mostra o número de identificação de ensaio SMATv2 da experiência de teste de exatidão para raças pequenas. Existe apenas uma diferença de 2-9 gramas na distribuição de alimentos em relação ao resultado esperado.

Raças médias

Número de identificação do teste	Idade	Peso previsto dos alimentos	Resultados
MBATv1	0-1	300 gramas	308 gramas
	1-10	450 gramas	455 gramas
	11 anos ou mais	375 gramas	375 gramas

Quadro 18: Experiência de teste de exatidão para raças médias Versão 1

O quadro 18 mostra o número de identificação MBATvl da experiência de teste de exatidão para raças médias. Há apenas uma diferença de 5-8 gramas na distribuição de alimentos e, para as idades de 11 anos ou mais, a distribuição de alimentos é muito exacta em relação à tabela recomendada.

Número de identificação do teste	Idade	Peso previsto dos alimentos	Resultados
MBATv2	0-1	300 gramas	290 gramas
	1-10	450 gramas	460 gramas
	11 anos ou mais	375 gramas	375 gramas

Quadro 19: Experiência de teste de exatidão para raças médias Versão 2

O quadro 19 mostra o número de identificação de ensaio MBATv2 da experiência de teste de exatidão para raças médias. Há apenas uma diferença de 10 gramas na distribuição de alimentos e, para as idades de 11 anos ou mais, a distribuição de alimentos é muito exacta em relação à tabela recomendada.

Raças grandes

Número de identificação do teste	Idade	Peso previsto dos alimentos	Resultados
LBATv1	0-1	450 gramas	463 gramas
	1-10	675 gramas	638 gramas
	11 anos ou mais	525 gramas	521 gramas

Quadro 20: Experiência de teste de exatidão para raças grandes Versão 1

O quadro 20 mostra o número de identificação do teste LBATv1 da experiência de teste de exatidão para raças grandes. Há mais de 10 gramas de diferença na distribuição dos alimentos. A diferença não é muito grande para as idades de 0-1 e 11 anos ou mais, mas é ligeiramente grande para a idade de 1-10 anos.

Número de identificação do teste	Idade	Peso previsto dos alimentos	Resultados
LBATv2	0-1	450 gramas	472 gramas
	1-10	675 gramas	633 gramas
	11 anos ou mais	525 gramas	514 gramas

Quadro 21: Experiência de teste de exatidão para raças grandes Versão 2

O quadro 21 mostra o número de identificação do teste LBATv2 da experiência de teste de exatidão para raças grandes. À semelhança dos resultados do teste n.º 13, há mais de 10 gramas de diferença na distribuição dos alimentos. A diferença não é muito grande para as idades 0-1 e 11 e acima, mas uma diferença ligeiramente grande para 1-10 anos de idade.

Teste de equivalência de distribuição manual e automática

Os investigadores efectuaram um teste de equivalência entre a dispensa manual e a dispensa automática para provar que ambas eram igualmente dispensadas. Haverá uma aplicação móvel para introduzir as informações necessárias sobre o cão. A aplicação pedirá o nome do cão, a raça, a idade e as refeições a servir por dia. Quando o utilizador já tiver introduzido as informações do cão, especialmente a raça, o protótipo definirá automaticamente um horário de refeições e o peso dos alimentos com base na tabela recomendada fornecida. Existe um botão no painel de controlo se o utilizador pretender alimentar manualmente o cão, e esta funcionalidade basear-se-á nas informações introduzidas pelo utilizador, razão pela qual a distribuição manual e automática deve ter uma distribuição igual de alimentos. O teste de equivalência provará se ambos dispensaram igualmente e se são ligeiramente iguais.

Raças de brinquedo

Número de ID de teste	Peso previsto dos alimentos	Resultados da distribuição manual	Resultados distribuídos automaticamente
TBMADEv1	75 gramas	79 gramas	77 gramas
	225 gramas	226 gramas	230 gramas
	175 gramas	180 gramas	1176 gramas

Quadro 22: Teste de equivalência para raças de brinquedo Versão 1

Table 22 mostra o teste de equivalência entre o alimento distribuído manualmente e o alimento distribuído automaticamente para raças de brinquedo. Os resultados mostram que a quantidade de comida distribuída é quase igual.

Table 23

Há apenas uma diferença de 4-6 gramas entre os dois e ambos são quase iguais ao resultado esperado.

Raças pequenas

Número de identificação do teste	Peso previsto dos alimentos	Resultados da distribuição manual	Resultados distribuídos automaticamente
SBMADEv1	75 gramas	78 gramas	80 gramas
	300 gramas	295 gramas	296 gramas
	225 gramas	228 gramas	231 gramas

Quadro 23: Teste de equivalência para raças pequenas Versão 1

Table 24 mostra o teste de equivalência entre o alimento distribuído manualmente e o alimento distribuído automaticamente para raças pequenas. Os resultados mostram uma diferença de 2-3 gramas entre si e ambos são quase iguais à produção esperada. O que significa que a quantidade de alimento que está a ser distribuída manualmente e automaticamente é quase igual.

Raças médias

Número de identificação do teste	Peso previsto dos alimentos	Resultados da distribuição manual	Resultados distribuídos automaticamente

MBMADEv1	300 gramas	295 gramas	301 gramas
	450 gramas	447 gramas	452 gramas
	375 gramas	374 gramas	375 gramas

Quadro 24: Teste de equivalência para raças médias Versão 1

Table 25 mostra o teste de equivalência dos alimentos distribuídos manualmente e automaticamente para raças médias. Os resultados da distribuição automática e da distribuição manual são praticamente os mesmos, existindo apenas uma pequena diferença de 1-6 gramas.

Raças grandes

Número de identificação do teste	Alimentos esperados	Distribuído manualmente	Dispensado automaticamente
	Peso	Resultados	Resultados
LBMADEv1	450 gramas	445 gramas	453 gramas
	675 gramas	645 gramas	650 gramas
	525 gramas	523 gramas	520 gramas

Tabela 25: Teste de equivalência para raças grandes Versão 1

O quadro 25 mostra o teste de equivalência entre os alimentos distribuídos manualmente e automaticamente para as raças grandes. Os resultados são os mesmos dos outros testes experimentais em que a quantidade de comida que está a ser distribuída automaticamente e manualmente é quase igual. Existe apenas uma pequena quantidade de gramas de diferença e ambas são também quase iguais ao peso esperado do alimento.

Teste de fiabilidade e precisão

A fiabilidade e a precisão mostram a semelhança ou a proximidade das medições repetidas entre si. A medição da fiabilidade e da precisão necessita de testes consistentes para melhorar a fiabilidade, uma vez que a obtenção dos mesmos resultados ou de resultados semelhantes repetidamente dará resultados fiáveis. Quanto mais repetidos forem os testes ou quanto mais semelhantes forem os testes repetidos, mais fiáveis serão os resultados.

Raças de cães	**Idade**	**Esperado Saída**	**Ensaios**				
			1º	**2.o**	**3ª**	**4.o**	**5ª**
Brinquedo	0-1	75g	75g	71g	74g	73g	71g
Pequeno	0-1	75g	73	78g	69g	72g	69g
Médio	0-1	300g	300g	297g	283g	289g	301g
Grande	0-1	450g	445g	459g	427g	438g	424g
Brinquedo	1-10	225g	228g	230g	265g	224g	214g
Pequeno	1-10	300g	297g	304g	286g	302g	294g
Médio	1-10	450g	441g	462g	437g	418g	426g
Grande	1-10	525g	530g	516g	530g	510g	531g
Total:		2,400g	2,389g	2,417g	2,371g	2,326g	2,330g

Quadro 26 : Experiência de fiabilidade e precisão

O quadro 26 mostra o teste de fiabilidade e precisão, os investigadores testam repetidamente cada raça com uma idade específica para obter resultados fiáveis. O resultado esperado será a base de cada ensaio, e os resultados dos ensaios devem estar próximos do resultado esperado para serem considerados exactos. No teste de fiabilidade, os investigadores fizeram uma repetição de ensaios ou testes para se certificarem de que os resultados dos dados serão fiáveis, uma vez que um ensaio não pode ser considerado um resultado fiável e devem ser 2 ou mais de 2 ensaios. Os investigadores efectuaram 4 ensaios semelhantes de distribuição de alimentos para verificar se a produção total é próxima. O resultado do ensaio para cada raça mostra que não há grande diferença entre si e os resultados são quase iguais ao resultado esperado. Os resultados mostram que todos os resultados totais são próximos ou quase semelhantes entre si, o que significa que existe apenas uma pequena diferença. Os resultados totais de todos os ensaios mostram que estão próximos da produção total esperada, que é de 2.400 gramas. O mais importante é que todos os resultados dos ensaios são quase semelhantes à produção esperada.

B. Avaliação da qualidade do sistema

Esta parte do documento mostra o processo de avaliação da qualidade e do desempenho do sistema de software e hardware do produto. O grupo criou um formulário de inquérito de avaliação para obter dados dos inquiridos. Os inquiridos do inquérito de avaliação são os futuros utilizadores do sistema de software e hardware, que são os donos de animais de estimação. O formulário de inquérito de avaliação que o grupo criou baseia-se no modelo da norma ISO/IEC 25010, que inclui as oito caraterísticas de qualidade. O grupo escolheu quatro métricas ou caraterísticas adequadas que podem ser observadas no sistema: as caraterísticas do sistema, a sustentabilidade da funcionalidade, a usabilidade e as caraterísticas em falta no sistema.

Caraterísticas do sistema

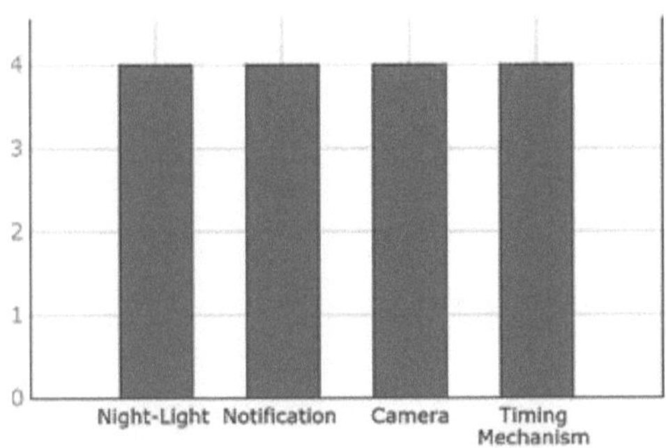

Fig. 23: Caraterísticas do sistema

A figura 33 mostra a representação gráfica das respostas dos inquiridos sobre as caraterísticas do sistema do alimentador de cães Pawsitive Care. Foram cinco os donos/proprietários de cães que responderam ao formulário de inquérito de avaliação fornecido pelo grupo. Todos eles responderam ou classificaram o produto com o número 4 ou Espero que tenha todas as caraterísticas do sistema. O alimentador Pawsitive Care Dog Feeder conseguiu dispor e distribuir comida automática e manualmente para o cão. A câmara em direto consegue ver ou monitorizar o cão enquanto come, e a função de luz nocturna acende-se automaticamente quando detecta escuridão.

Funcionalidade Sustentabilidade

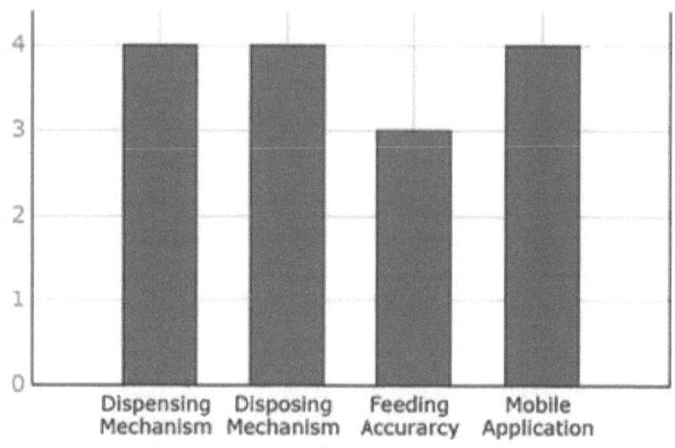

Fig. 24: Funcionalidade Sustentabilidade

A figura 34 mostra a representação gráfica das respostas dos inquiridos sobre a sustentabilidade da funcionalidade do Alimentador para Cães Pawsitive Care. Todos os utilizadores ou donos de animais responderam número 4 ou concordam fortemente com todas as caraterísticas ou funcionalidades do produto, exceto uma. O Alimentador para Cães Pawsitive Care alimentou e eliminou com sucesso a comida no momento exato. O produto pode armazenar uma quantidade típica de comida no recipiente e mostra o nível de comida restante dentro dele. A interface de utilizador do Pawsitive Care Dog Feeder é uma aplicação de fácil utilização. A única caraterística que os utilizadores classificam como 3 ou com a qual concordam é o facto de o produto ter alimentado o cão com precisão com base na tabela de alimentação recomendada, uma vez que, por vezes, não dispensa com precisão a quantidade de comida desejada.

Usabilidade

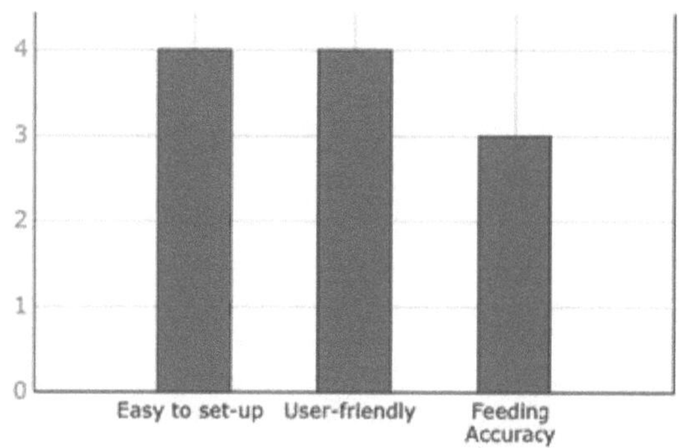

Fig. 25: Usabilidade

A figura 35 mostra a representação gráfica das respostas dos inquiridos sobre a usabilidade do alimentador de cães Pawsitive Care. Os donos ou utilizadores de animais de companhia responderam ou classificaram o número 4 ou concordam fortemente com todas as caraterísticas da usabilidade do produto. O Pawsitive Care Dog Feeder é fácil de configurar e a aplicação móvel é fácil de utilizar, uma vez que é de fácil utilização. Em termos de precisão da alimentação, os donos dos animais responderam 3 ou concordam, uma vez que, por vezes, o produto não dispensa a quantidade de comida desejada.

Caraterísticas em falta no sistema

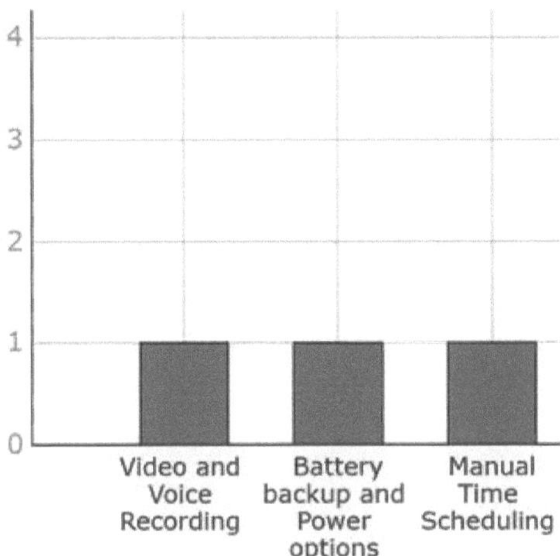

Fig. 26: Caraterísticas em falta no sistema

A figura 36 mostra a representação gráfica das respostas dos inquiridos sobre a ausência do sistema do alimentador de cães Pawsitive Care. Todos os utilizadores ou donos de animais de companhia responderam com o número 1, discordando fortemente de todas as caraterísticas do produto em falta. Existe uma câmara no produto, mas não existem funcionalidades de gravação e reprodução de vídeo e voz. O Pawsitive Care Dog Feeder é alimentado por uma tomada de parede, pelo que não dispõe de bateria de reserva nem de opções de alimentação. Não existe a possibilidade de definir manualmente o temporizador ou o horário de distribuição dos alimentos, uma vez que a refeição já está definida automaticamente por dia.

C. Resultados dos testes funcionais

Esta secção inclui um resumo dos resultados dos testes unitários para determinar se os componentes a utilizar são funcionais, sem qualquer tipo de defeitos ou erros. Os investigadores podem utilizar os testes funcionais para detetar falhas, inconsistências ou imprecisões no comportamento pretendido do sistema.

Tabela 27: TABELA DE RESULTADOS RESUMIDOS DOS TESTES UNITÁRIOS

Testes unitários	**Resultados**
ESP8266 Teste de unidade v1	O ESP8266 arranca assim que a alimentação é aplicada. O programa ou código é carregado sem quaisquer erros e funciona corretamente.
Teste de unidade de servomotores v1	Os servomotores arrancam quando a alimentação é acionada. O código de amostra do servo motor foi carregado com sucesso sem erros.
Teste de unidade de célula de carga v1	A célula de carga pode medir o peso com exatidão. O código de amostra da célula de carga foi

	carregado com sucesso sem erros.
Teste de unidade v1 do ESP32 CAM	A câmara ESP32 arranca assim que a alimentação é aplicada. O código de amostra da câmara ESP32 foi carregado com êxito sem erros.
Teste de unidade de fotoresistor v1	O código de amostra do fotoresistor foi carregado com sucesso sem erros. Capaz de detetar luz e escuridão.
Teste da unidade de alimentação v1	A fonte de alimentação era capaz de fornecer energia com 12 volts.
Teste da unidade de relé v1	O relé foi capaz de medir o valor correto da resistência.
Teste de unidade do módulo de descida v1	O módulo redutor foi capaz de converter e regular a tensão.
Tiras de LEDs Teste de unidade v1	A faixa de LEDs foi ligada assim que a fonte de alimentação foi aplicada.

Tabela 28: TABELA DE RESULTADOS RESUMIDOS DO TESTE DE INTEGRAÇÃO

Testes de integração	**Resultados**
Módulo de luz nocturna v1	O módulo de luz nocturna arranca assim que a alimentação é ligada. O código de amostra do módulo Night-Light não foi carregado com êxito e existe um erro. O módulo de luz nocturna não funcionou corretamente.
Módulo de luz nocturna v2	O módulo de luz nocturna arranca assim que a alimentação é ligada. O código de amostra do módulo de luz nocturna foi carregado com sucesso sem erros. O módulo de luz nocturna funciona corretamente e é capaz de detetar a luz e a escuridão.
Módulo Servo de Dispensação v1	O Dispensing Servo Module arrancou assim que a alimentação foi ligada. O código de amostra do Dispensing Servo Module não foi carregado com êxito e existe um erro. O módulo Servo de distribuição não funcionou corretamente.
Módulo Servo de Dispensação v2	O Dispensing Servo Module arrancou assim que a alimentação foi ligada. O código de amostra do Dispensing Servo Module não foi carregado com êxito e existe um erro. O módulo Servo de distribuição não funcionou corretamente.

Módulo Servo de Dispensação v3	O Dispensing Servo Module arrancou assim que a alimentação foi ligada. O código de amostra do Dispensing Servo Module foi carregado com sucesso sem erros. O módulo Servo de distribuição não funcionou corretamente.
Módulo Servo de Dispensação v4	O Dispensing Servo Module arrancou assim que a alimentação foi ligada. O código de amostra do Dispensing Servo Module foi carregado com sucesso sem erros. O módulo servo de distribuição funciona corretamente de acordo com a hora programada. Também funciona para alimentação manual.
Eliminação do módulo servo v1	O servomódulo de eliminação arrancou assim que a alimentação foi ligada. O código de amostra do Disposing Servo Module não foi carregado com êxito e existe um erro. O módulo Servo de eliminação não funcionou corretamente.
Eliminação do Servo Module v2	O Dispensing Servo Module arranca assim que a alimentação é ligada. O código de amostra do Disposing Servo Module foi carregado com sucesso sem erros. O servomódulo de eliminação funciona corretamente de acordo com a hora programada. Também funciona para a eliminação manual.
Módulo de câmara v1	O módulo de câmara arrancou assim que a alimentação foi ligada. O código de amostra do Camera Module não foi carregado com êxito e existe um erro. O Camera Module não funcionou corretamente.
Módulo de câmara v2	O módulo de câmara arrancou assim que a alimentação foi ligada. O código de amostra do Camera Module foi carregado com sucesso sem erros. O Camera Module não funcionou corretamente.
Módulo de câmara v3	O módulo de câmara arrancou assim que a alimentação foi ligada. O código de amostra do módulo de câmara foi carregado com êxito sem erros. A câmara é acessível através da aplicação móvel e funciona em tempo real.

Tabela 29: TABELA DE RESULTADOS RESUMIDOS DO TESTE DO SISTEMA

Teste do sistema	Resultados
Aplicação móvel v1	Os botões da aplicação móvel funcionam como esperado. Os botões de funcionalidade da aplicação móvel não podem enviar dados para o Firebase. A aplicação móvel é capaz de guardar os dados definidos pelo utilizador
Aplicação móvel v2	Os botões da aplicação móvel funcionam como esperado. Os botões de funcionalidade da aplicação móvel são capazes de enviar dados para o firebase e depois para o hardware. A aplicação móvel é capaz de guardar os dados definidos pelo utilizador
Firebase v1	Os botões de funcionalidade são capazes de enviar dados para o firebase e depois para o hardware. A aplicação foi capaz de guardar os dados definidos pelo utilizador.
Mecanismo de temporização v1	O módulo de distribuição e eliminação de alimentos é capaz de distribuir e eliminar alimentos na hora programada. O tempo de rotação do servo não estava a dar a quantidade recomendada de alimentos com base na tabela.
Mecanismo de tempo v2	O módulo de distribuição e eliminação de alimentos é capaz de distribuir e eliminar alimentos na hora programada. O Mecanismo do Tempo era suficiente para distribuir uma quantidade exacta de comida.
Notificação de alerta v1	A célula de carga não foi capaz de medir a quantidade de alimentos no interior do contentor. A notificação de alerta não foi capaz de notificar se o nível de alimentos é de 1 kg ou 33%. A notificação para a distribuição e eliminação automáticas foi capaz de notificar quando o protótipo distribuiu e eliminou alimentos com sucesso.
Notificação de alerta v2	A célula de carga não foi capaz de medir a quantidade de alimentos no interior do contentor. A notificação de alerta foi capaz de notificar

	se
	o nível alimentar é de 1 kg ou 33%. A notificação para a distribuição e eliminação automáticas foi capaz de notificar quando o protótipo distribuiu e eliminou alimentos com sucesso.
Notificação de alerta v3	A célula de carga foi capaz de medir a quantidade de alimentos no interior do contentor. A notificação de alerta foi capaz de notificar se o nível de alimentos é de 1kg ou 33%. A notificação para a distribuição e eliminação automáticas foi capaz de notificar uma vez que o protótipo distribuiu e eliminou com sucesso os alimentos
Câmara em direto v1	A câmara podia ser acedida através de uma aplicação móvel.

Capítulo 5

CONCLUSÕES E RECOMENDAÇÕES

Este capítulo discute os imperativos dos dados analisados no capítulo anterior. Para as declarações finais, os investigadores devem detalhar os contributos deste trabalho, juntamente com as justificações para os objectivos, as hipóteses e o seu alinhamento com a declaração de necessidades dos potenciais utilizadores. Além disso, os investigadores podem também discutir as implicações adicionais do estudo, a sua sustentabilidade e os seus possíveis desenvolvimentos.

A. Contribuições

Atualmente, existem vários alimentadores automáticos para animais de estimação no mercado, mas todos eles têm uma caraterística em comum: a alimentação automática e manual. O sistema criado e o protótipo também têm as mesmas caraterísticas, mas todas as informações sobre as doses de comida para cães foram verificadas por um médico veterinário; e é isso que o torna único e fiável. A sua função de alimentação automática e manual tem um sistema de notificação no qual aparecem mensagens quando o protótipo dispensa e elimina a comida manual e automaticamente. O protótipo também tem uma célula de carga para medir o peso dos alimentos dentro do recipiente e notifica o utilizador através de uma aplicação móvel se o nível de alimentos atingir o seu nível crítico baixo (1 kg ou 33%). Tem também um módulo de luz nocturna composto por luzes LED e um fotoresistor que acende automaticamente a luz quando o sensor detecta falta de luz numa determinada área. A câmara instalada pode ser acedida através de uma aplicação móvel e mostra uma visão em direto da tigela e do seu ambiente. O bocal de água para animais de estimação já existe no mercado e também foi incluído no protótipo para o consumo de água dos cães.

B. Conclusão

Um dos principais objectivos do desenvolvimento do protótipo é aplicar os conceitos de sistemas incorporados e de automatização informática para criar um sistema capaz de alimentar cães de companhia com menos esforço. Este objetivo é especificamente abordado através da funcionalidade de alimentação manual e automática do protótipo. Com um simples premir de botões, o utilizador pode garantir que o consumo de comida do seu cão de estimação continua a ser seguido e atendido. O objetivo seguinte é conceber e integrar uma aplicação móvel para o sistema de monitorização e notificação; é abordado através da utilização de uma célula de carga, o utilizador pode ser capaz de saber o nível de comida dentro do recipiente através da aplicação móvel, que também envia uma notificação sempre que atinge um determinado nível baixo. Também envia notificações para a função de dispensa automática, mostra o carimbo de tempo e uma mensagem curta dizendo que já dispensa alimentos. Além disso, dispõe de uma câmara de vigilância, também acessível através da aplicação móvel. Por último, adiciona caraterísticas únicas, como o módulo de luz nocturna e a eliminação de alimentos. Os investigadores acrescentaram uma funcionalidade ao protótipo, utilizando luzes LED e um fotoresistor, que, ligados entre si e com o código e a calibração corretos, acrescentam uma funcionalidade que acende automaticamente as luzes sempre que a quantidade de luz é insuficiente. Ligaram também um servo à própria tigela para eliminar os alimentos. Com um simples toque num botão através da aplicação móvel, o sistema elimina os alimentos e guarda-os num recipiente tipo gaveta especificamente concebido para armazenar os alimentos eliminados.

C. Recomendações

Esta secção específica destina-se a futuros investigadores que pretendam desenvolver o mesmo protótipo ou um protótipo semelhante ao abordado neste estudo de caso. A realização deste estudo requer a consideração de diferentes aspectos e constrangimentos relacionados com o bem-estar dos animais, especialmente dos cães. Se esta tecnologia for desenvolvida para investigação futura, os investigadores recomendam a criação de um sistema adequado tanto para cães como para gatos. O saneamento da água poderia também funcionar, tendo em conta que a contaminação dos alimentos e da água é mais provável de ocorrer na maior parte do tempo. A monitorização do nível da água e a distribuição automática também podem ser acrescentadas, uma vez que a automatização pode aumentar a eficiência de quase tudo. A adição de um motor de vibração pode suavizar a distribuição de alimentos do recipiente para a tigela, mas também é recomendável que seja adicionado tendo em conta o ruído que pode causar sempre que funciona. Para a função de vigilância, podem ser utilizadas câmaras que captem uma vasta gama de pontos de vista para uma melhor monitorização ou, se possível, uma câmara rotativa de 360 graus. Além disso, ao criar este tipo de câmara de vigilância utilizando uma câmara ESP32, certifique-se de que utiliza as bibliotecas corretas, como a FirebaseESP32.h para interagir com a Firebase, a WIFI.h para a conetividade wifi e a base64.h, que é utilizada para converter as fotografias captadas para o formato base64. Além disso, os futuros investigadores podem utilizar câmaras de IA e visão por computador para detetar e identificar raças de cães. Os futuros investigadores podem utilizar vários tipos de câmaras, como a câmara Raspberry Pi para uma melhor qualidade de imagem ou vídeo ou a webcam USB para uma resolução acessível mas de alta qualidade. Para a aplicação móvel que mostra a quantidade de comida de cão dentro do recipiente, o progresso circular deve limitar-se a apenas 100% ou 3 quilogramas.

Bibliografia

[1]H. Duwe, "Proposta de alimentador automático de animais de estimação e revisão do projeto", [Online] Disponível: https://courses.engr.illinois.edu/ece445/getfile.asp?id=7758. [Acedido: 04-Jan-2023].

[2] M. Bhatti, "Most Common Dog Health Issues and Diseases," 11-Abr-2022. [Online]. Disponível: https://discover.hubpages.com/animals/Most-Common-Dog-Health-Issues-and-Diseases. [Acedido em: 04-Jan-2023].

[3] Merckvetmanual "Introduction to digestive disorder of dogs," [Online]. Disponível: https://www.merckvetmanual.com/dog-owners/digestive-disorders-of-dogs/introduction-to-digestive-disorders-of - dogs [Acedido em: 04-Jan-2023].

[4] Topbest, "Dangers of Pest Contamination in Food," 24-May-2023. [Online]. Disponível: https://topbest.ph/blogs/dangers-pest-contamination-food/ [Acedido: 04-Jan-2023].

[5] M. Deasy, et al. "Recall of Dry Dog and Cat Food Products Associated with Human *Salmonella* Schwarzengrund Infections," 16-May-2008. [Online]. Disponível: https://www.cdc.gov/mmwr/preview/mmwrhtml/mm5744a2.htm. [Acedido em: 04-Jan-2023].

[6] FAOLEX, "Republic Act No. 8485 - The Animal Welfare Act of 1998.", 15-Fev-1998. [Online]. Disponível: https://www.fao.org/faolex/results/details/en7c/LEX-FAOC019221/. [Acedido em: 04-Jan-2023].

[7] RSPCA. "Lei sobre o bem-estar dos animais, 2006. [Online]. Disponível: https://www.rspca.org.uk/whatwedo/endcruelty/changingthelaw/whatwechanged/animalwelfareact . [Acedido em: 04-Jan-2023].

[8] Legal Resource, "Laws that Protect Animals," [Online]. Disponível: https://aldf.org/article/laws-that-protect-animals/. [Acedido em: 04-Jan-2023].

[9] Lawphil, "The Anime Welfare Act of 1998," 11-Fev-1998. [Online]. Disponível: https://lawphil.net/statutes/repacts/ra1998/ra_8485_1998.html. [Acedido em: 04-Jan-2023].

[10] PDSA, "Welfare Needs," [Em linha]. Disponível: https://www.pdsa.org.uk/pet-help-and-advice/looking-after-your-pet/all-pets/5-welfare-needs. [Acedido em: 04-Jan-2023].

[11] H. Parker, "O cão não está a comer? Possíveis causas e soluções para o apetite", 05-Nov-2022. [Em linha] Disponível: https://pets.webmd.com/dogs/guide/dog-not-eating-possible-causes-and-appetite-solutions?fbclid=IwAR0VdvGxy N PBq52z_PhHOrwcwcVerng5UV2vs3p0lXInWcJuxLhSejv5GlE. [Acedido em: 04-Jan-2023].

[12] E. Balogh, "The Dangers of Pet Food Contamination" [Os perigos da contaminação dos alimentos para animais de companhia], 04-10-2021. [Online]. Disponível: https://openfarmpet.com/en-us/blogs/pet-food-contamination-causes-and-prevention/. [Acedido: 04-Jan-2023].

[13] True Care Veterinary, "The Importance of Water for Pets and Avoid Pet Dehydration", 12-Jul-2019. [Online]. Disponível: https://www.truecareveterinaryhospital.com/blog/the-importance-of-water-for-pets-and-avoiding-pet-dehydration. [Acedido em: 04-Jan-2023].

[14] J. Hopping, "How Long can Dry Food sit out?" [Quanto tempo podem os alimentos secos ficar de fora], 24-Abr-2022. [Online]. Disponível: https://www.barkva.org/how-long-dog-food-sit-out/. [Acedido em: 04-Jan-2023].

[15] "O que é um comedouro inteligente para animais de estimação (opções económicas e caras)", *Home*. [Online]. Disponível: https://smarthomestarter.com/what-is-a-smart-pet-feeder-budget-and-big-ticket-options/. [Acedido em: 14-Dez-2022].

[16] S. Koley, S. Srimani, D. Nandy, P. Pal, S. Biswas e D. I. Sarkar, "Alimentador inteligente para animais de estimação", *Journal of Physics: Conference Series*, vol. 1797, no. 1, p. 012018, 2021.

[17] Dr. M. E. B. Daud, et al. "Alimentador inteligente para animais de estimação", Jun-2020. [Online]. Disponível em: http://repository.psa.edu.my/handle/123456789/3155

[18] R. H. A. Shiddieqy, B. A. Saputro, F. O. Dandha, and L.- Rusdiyana, "Automated pet feeder called smart pakan using 3D printer with Open Source Control System," *IPTEK The Journal of Engineering*. [Online]. Disponível: http://iptek.its.ac.id/index.php/joe/article/view/7896. [Acedido em: 14-Dez-2022].

[19] "Amset.umfst.ro." [Online]. Disponível: https://amset.umfst.ro/papers/2022-1/AMSET-2022-0007.pdf. [Acedido em: 14-Dez-2022].

[20] D. D. B, "Monitoring and feeding system for pets," *International Journal for Research in Applied Science and Engineering Technology*, vol. 9, no. VII, pp. 892-904, 2021.

[216] Alexis Anne A. Luayon Universidade de Mapua, A. A. A. Luayon, M. Universidade, Gio Francis Z. Tolentino Universidade de Mapua, G. F. Z. Tolentino, Van Keith B. Almazan Universidade de Mapua, V. K. B. Almazan, Patrick Eugene S. Pascual Universidade de Mapua, P. E. S. Pascual, Mary Jane C. Samonte Universidade de Mapua, M. J. C. Samonte, P. U. Northwest, U. of Alberta, e O. M. V. A. Metrics, "Petcare: Actas da 10ª Conferência Internacional sobre E-education, E-Business, e-management and e-learning", *ACM Other conferences*, 01-Jan-2019. [Online]. Available: https://dl.acm.org/doi/abs/10.1145/3306500.3306570. [Acedido em: 14-Dez-2022].

[22] T. Sangvanloy e K. Sookhanaphibarn, "Automatic pet food dispenser by using internet of things (IOT)," *2020 IEEE 2nd*

Global Conference on Life Sciences and Technologies (LifeTech), 2020
.[23] A. Delgado Villanueva and H. N. Vargas Alcantara, "Pet food dispenser design using Raspberry Pi", *Repositório Institucional UCH*, 01-Jan-1970. [Online]. Disponível: https://repositorio.uch.edu.pe/handle/20.500.12872/533. [Acedido em: 14-Dez-2022].
[24] C. Próprio, et al. "O Estudo da Aplicação da loT em Sistemas Pet", 20-Nov-2012. [Online]. Disponível: https://www.scirp.org/html/1-4000042_27420.htm. [Acedido em: 04-Jan-2023].
[25] S. Kim, "Smart Pet Care System using Internet of Things," 2006. [Online]. Disponível: https://gvpress.com/journals/IJSH/vol10_no3/21.pdf. [Acedido em: 04-Jan-2023].
[26] A. Andriansyah, et al. "Design of Pet Feeder using Web Server as Internet of Things Application," Out-2016. [Online]. Disponível: https://www.researchgate.net/profile/Andi Adriansyah/publication/330702107_Design_of_Pet_Feeder_using_Web_Server_as_Internet_of_Things_Application
[27] J. Navarro, "Alimentador automático para cães e gatos". https://patents.google.com/patent/US4248175A/en?q=automatic+dog+feeder&oq=automatic+dog+feeder (Acedido em 14 de dezembro de 2022).
[28] Chen et al, "US11006614B2 - Alimentador inteligente para animais de estimação", *Google Patents*. [Online]. Disponível: https://patents.google.com/patent/US11006614B2/en?q=smart%2Bpet%2Bfeeder&oq=smart%2Bpet%2Bfeeder . [Acedido em: 14-Dez-2022].
[29] Springer et al, "US11006614B2 -Network automatic animal feeding system," *Google Patents*. [Online]. Disponível: https://patents.google.com/patent/US10743517B2/en?q=automatic+pet+feeder+mobile+application&oq=automatic + pet+feeder+with+mobile+application [Acedido: 04-Jan-2023].
[30] Yagki, "Testes unitários - Diretrizes para a preparação de casos de teste", 15-Jan-2018. [Online]. Disponível:https://www.softwaretestingclass.com/unit-testing-test-case-preparation-guidelines/. [Acedido em: 29-maio-2023].
[31] JavaTPoint, "Teste de integração", 2021. [Online]. Disponível: https://www.javatpoint.com/integration-testing. [Acedido em: 29-Mai-2023].
[32] Ajuda para teste de software, "O que é teste de sistema", 01 de maio de 2023. [Online]. Disponível: https://www.softwaretestinghelp.com/system-testing/. [Acedido em: 29-maio-2023].
[33] SUSE, "What is Lower Latency?", 2023. [Online]. Disponível: https://www.suse.com/suse-defines/definition/lower-latency. [Acedido em: 04-Jun-2023].
[34] Fustyles, "Arduino/ESP32-cam_base64.ino at master - fustyles/arduino," GitHub, [Online]. Disponível: https://github.com/fustyles/Arduino/blob/master/ESP32-CAM_Base64/ESP32-CAM_Base64.ino [Acedido em: 02-Abr-2023].
[35] Olav K., "HX711_ADC," Github, [Online]. Disponível: https://github.com/olkal/HX711_ADC/blob/master/examples/Calibration/Calibration.ino [Acedido em: 02-Abr-2023].
[36] M. R. Devi, V. Jyothi e D. Nagajyothi, "IoT and Cloud-based Automated Pet Care System," 2022 6th International Conference on Electronics, Communication and Aerospace Technology, Coimbatore, India, 2022, pp. 1366-1372, doi: 10.1109/ICECA55336.2022.10009347.
[37] World of Dogz, "Quanto tempo deixar a comida do cão fora: A importância do tempo, 02-Abr-2023. [Online]. Disponível: https://worldofdogz.com/how-long-should-i-leave-dog-food-out/. [Acedido em: 18-Jun-2023].
[38] Pawtopia Doggy Day Care & Hotel, "Devo deixar a comida do cão deitada todo o dia?", 21-Jul-2019. [Online]. Disponível: https://pawtopiadoggydaycare.co.uk/should-i-leave-dog-food-down-all-day/. [Acedido em: 18-Jun-2023].
[39] Dogsee, "Alimentação dos cães: O que alimentar o seu animal de estimação? Hora e horário da alimentação do cão", 17 de novembro de 2022.
[Online]. Disponível: https://www.dogseechew.in/blog/dog-feeding-what-to-feed-your-pet-dogs-feeding-time-schedule. [Acedido em: 18-Jun-2023].
[40] Amanda A., "How To Create a Puppy Feeding Schedule" (Como criar um horário de alimentação para o cachorro), 17-Jan-2023.[Online]. Disponível: https://www.petmd.com/dog/nutrition/puppy-feeding-schedule. [Acedido em: 18-Jun-2023].
[41] AKC Canine Health Foundation, "Healthy Weight for Dogs," 01-Jan-2010. [Online]. Disponível: https://www.akcchf.org/canine-health/your-dogs-health/healthy-weight-for-dogs.html. [Acedido em: 18-Jun-2023].
[42] M. J. Downes, C. Devitt, M. T. Downes e S. J. More, "Compreender o contexto da alimentação e do comportamento de exercício de cães e gatos de estimação entre os proprietários de animais de estimação na Irlanda: um estudo qualitativo", *Ir Vet. J.*, vol. 70, no. 1, 2017.
[43] D. P. Laflamme, "Simpósio sobre Animais de Companhia: Obesidade em cães e gatos: O que há de errado em ser gordo?", *J.Anim. Sci.*, vol. 90, no. 5, pp. 1653-1662, 2012.
[44] D. Linder e M. Mueller, "Pet obesity management: beyond nutrition," *Vet. Clin. North Am. Small Anim. Pract.*, vol. 44, no. 4, pp. 789-806, vii, 2014.
[45] Burns Pet Nutrition, "Os 10 sinais que mostram que está a prejudicar a saúde do seu animal de estimação devido ao excesso de alimentação," 18-Mar-2021.[Online]. Disponível:

https://burnspet.co.uk/nutrition-blog/the-10-signs-that-show-you-are-damaging-your-pets-health-through-over-feedin g/. [Acedido em: 18-Jun-2023].
[46] Hill's Pet Nutrition, "Overfeeding Your Dog Leads to Risk of Obesity: Hill's Pet," 14-Jun-2018.
[Online]. Disponível: https://www.hillspet.com/dog-care/nutrition-feeding/overfeeding-your-dog. [Acedido em: 18-Jun-2023].
[47] Camp Canine, "Quanto tempo pode um cão ficar sem água? - Camp Canine SB," 07-maio-2020.
[Online]. Disponível: https://campcaninesb.com/how-long-can-a-dog-go-without-water/. [Acedido em: 18-Jun-2023].
[48] MH Sub, "A comida do seu animal de estimação pode ser perigosa... se não for manuseada corretamente", 10-Aug-2020. [Online].
Disponível:
https://www.noblesvillevetclinic.com/blog/219811-your-pets-food-can-be-dangerousif-not-handled-properly. [Acedido em: 18-Jun-2023].
[49] AKC Canine Health Foundation, "Healthy Weight for Dogs," 01-Jan-2010. [Online]. Disponível: https://www.akcchf.org/canine-health/your-dogs-health/healthy-weight-for-dogs.html. [Acedido em: 18-Jun-2023].

Apêndice A

Imagens e discussões adicionais

APÊNDICE B

Plano de desenvolvimento do projeto

WBS NO.	Task Name	Status	Assigned to	Start Date	End Date	Duration in Day	Comments
1	**Document Revision**						
1.1	Chapter 1	In Progress	All	Apr-15	May-20	35	
1.2	Chapter 2	In Progress	All	Apr-15	May-20	35	
1.3	Chapter 3	In Progress	All	Apr-15	May-20	35	
1.4	Chapter 4	In Progress	All	Apr-25	May-31	36	
1.5	Chapter 5	In Progress	All	Apr-25	May-31	36	
2	**Project Planning**						
2.1	Component Selection	Complete	All	Feb-01	Feb-04	3	
2.2	Price Checking	Complete	All	Feb-15	Feb-16	1	
2.3	Budgeting	Complete	All	Feb-18	Feb-20	2	
3	**Project Execution / Testing**						
3.1	Software Design						
3.1.1	Mit App	Complete	Jaycion Ray H. Manido	Mar-10	May-14	65	
3.1.2	Firebase	Complete	Jaycion Ray H. Manido	Mar-15	May-16	62	
3.2	Hardware						
3.2.1	ESP-32 Cam	Complete	Christian Dave C. Codill	Mar-05	May-27	83	
3.2.2	Loadcell	Complete	Sunny A. Dy	Mar-05	May-15	71	
3.2.3	Photoresistor	Complete	Sunny A. Dy	Mar-05	Apr-10	36	
3.2.4	Servo 360	Complete	Christian S. Manong	Mar-05	May-18	74	
4	**Features**						
4.1	Mobile Application	Complete	Jaycion / Sunny	May-04	May-14	10	
4.2	Live Camera	Complete	Christian Dave C. Codill	May-17	May-27	10	
4.3	Notification	Complete	Sunny / Jaycion	May-05	May-15	10	
4.4	Night-Light	Complete	Sunny A. Dy	Apr-01	Apr-10	10	
4.5	Dispense and Dispose						
4.5.1	Automatic	Complete	Christian S. Manong	May-08	May-18	10	
4.5.2	Manual	Complete	Christian S. Manong	May-08	May-18	10	
5	**Project Performance**						
5.1	Project Objectives	Complete	All	May-15	May-25	10	
5.2	Document	Complete	All	May-20	Jun-18	29	
5.3	Cost Tracking	Complete	All	May-20	May-30	10	
5.4	Overall Project Performance	Complete	All	May-20	May-30	10	

APÊNDICE C

Formulários de inquérito utilizados

Section 1 of 5

Research Idea Survey: Automatic Pet Feeder

CONSENT FORM

In compliance to RA 10173 or the Data Protection Act of 2012 (DPA of 2012) and its implementing Rules and Regulations, we are detailing here the processing of the data you will provide to us.

Purpose: This is to gather data about the experiences of at least 100 fur parents or pet owners who have dogs or cats in their household, as our requirement in the course CPE Practice and Design 1 LAB of this school year, 2022-2023.

Personal Data. The following are the personal data that we may need to collect:
a) Full Name
b) Email
c) GCash Number

Storage, retention, disposal. Personal data collected shall be stored in Adamson University's google drive for a period of until May 21, 2023 (end of semestral period). Upon expiration of such period, all personal data shall be disposed of in a secure manner that will forbid further processing, unauthorized disclosure and editing.

Data Protection. The University shall implement reasonable and appropriate organizational, physical, and technical security measures to protect your personal data. Only the student researchers shall have access to the data collected and processed.

Data Subject Rights. Under RA 10173, the following are some of the rights the data subject may exercise, (for the full list of rights see https://www.privacy.gov.ph/know-your-rights/):

1. Right to be informed on the collection and processing of personal data through this consent form;
2. Right to object on the processing of personal data or to restrict the processing of personal data upon request;
3. Right to access the personal data collected and processed upon request;
4. Right to request for rectification of personal data; and
5. Right to withdraw his or her consent.

To exercise data subjects right and for data privacy concerns or inquiries, please communicate with us through:
christian.dave.codilla@adamson.edu.ph
christian.manong@adamson.edu.ph
jaycion.ray.manicio@adamson.edu.ph
sunny.dy@adamson.edu.ph

Permission to collect and process personal data

☐ Yes, I give consent to the collection and processing of my personal data for the said purpose.

Permission to store personal data

☐ Yes, I give consent to the retention of my personal data.

Permission to use my personal data

☐ Yes, I give consent to use of my personal data for the said purpose

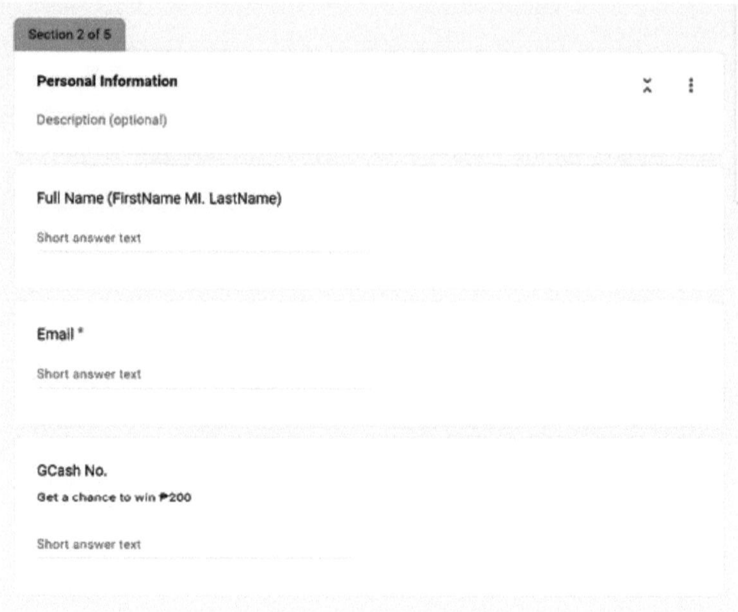

Section 2 of 5

Personal Information

Description (optional)

Full Name (FirstName MI. LastName)

Short answer text

Email *

Short answer text

GCash No.

Get a chance to win ₱200

Short answer text

Section 3 of 5

Survey Questions

Description (optional)

Do you have pet/s in your household? *

◯ Yes

◯ No

What type of pet/s you currently have? *

◯ Dog

◯ Cat

◯ Both

◯ Other...

How many pet do you have? *

Short answer text

Do you consider yourself a fur parent? *

◯ Yes

◯ No

How many times a day would you need to feed your pet/s? *

- 2 times a day
- 3 times a day
- More than 3 times a day

Do you ever accidentally forget to feed your pet/s? *

- All the time
- Sometimes
- Rarely
- Never

When you travel, do you take your pet/s with you? *

- Yes
- Sometimes
- No

How often do you leave your pet/s at home alone? *

- All the time
- Sometimes
- Rarely
- Never

How long do you leave your pet/s at home alone? *

- 1 - 2 hours
- 3 - 7 hours
- 8 - 12 hours
- 13 hours and above

How long do you leave your pet/s at home alone? *

- 1 - 2 hours
- 3 - 7 hours
- 8 - 12 hours
- 13 hours and above
- Other...

What are the reason/s you left your pet/s alone in your house? *

- Work
- Travel
- School

Have you heard of smart/automatic pet feeders? *

- Yes
- No

Do you own a smart/automatic pet feeder? *

- Yes
- No

Would you use a smart/automatic pet feeder? *

- Yes
- No

Section 4 of 5

Functional Features

In this section, the group aims to enumerate the features that fur parents or pet owners may think are essential or not about the product the group seeks to create.

The group aims to create a smart/automatic pet feeder with an application. The project aims to help fur parents or pet owners not to worry about leaving their pets at home alone. The application will help you talk to and monitor your pets while you are away from home.

Do you think receiving a notification about the level of food and water via an app is essential? *

- Yes
- No

Would you like a smart/automatic pet feeder with a camera so you can monitor pet/s via the app? *

- Yes
- No

Do you think it's essential to have a automatic opening/closing lid mechanism for food and water bowl? *

- Yes
- No

Do you think it's essential to have a feature that will allow the owner to record your voice for a message to remind your pet/s that it's time to eat? *

- Yes
- No

Would you like a smart/automatic pet feeder with a built-in speaker and microphone that will allow you to call and talk to your pet/s through your phone? *

- Yes
- No

Do you think it's essential to have a feature that will allow the owner to record your voice for a message to remind your pet/s that it's time to eat? *

◯ Yes

◯ No

Would you like a smart/automatic pet feeder with a built-in speaker and microphone that will allow you to call and talk to your pet/s through your phone? *

◯ Yes

◯ No

Do you think having a water container feature is also essential in the smart/automatic pet feeder? *

◯ Yes

◯ No

Do you think it would be an important feature for a smart/automatic pet feeder to have a light sensor that automatically turns on the light when it senses darkness? *

◯ Yes

◯ No

How would you like the smart/automatic pet feeder to be powered? *

◯ Battery powered

◯ Wall outlet powered

◯ Both

Is there functionality, feature, and material you would like to see on the smart/automatic pet feeder that's not available?

Short answer text

Formulário de avaliação

O alimentador automático para cães tem uma aplicação que ajudará os donos a monitorizar os seus cães quando estão fora de casa. O produto tem uma aplicação móvel em que o utilizador tem de introduzir as informações do cão e, em seguida, escolher ou definir uma refeição para o cão. Tem também um botão manual para eliminar e distribuir a comida e uma câmara em direto para monitorizar ou ver o cão. Tem também uma notificação pop-up quando o recipiente atinge os 3 kg e uma notificação quando a comida do cão está a ser manual e automaticamente eliminada e distribuída. Isto resolverá o problema dos donos de animais quando deixam os seus cães sozinhos em casa.

Responda às seguintes perguntas, classificando-as de 1 a 4

4-1 esperar

3-1 como ele

2-1 não gosto

1 -1 não esperar

Caraterísticas do sistema

1 gosta quando a função de luz nocturna se acende automaticamente quando detecta escuridão.

12 3 4

Gosto quando a aplicação móvel me alerta com uma notificação pop-up quando a comida do cão atinge1 quilogramas no contentor e também uma notificação quando a comida do cão é manual e automaticamente eliminada e dispensada.

12 3 4

Gosto quando a câmara me ajuda a vigiar ou a ver o meu cão.

12 3 4

Gosto quando a taça deita fora automaticamente a comida do cão após 15 minutos de ter comido a refeição.

12 3 4

A seguinte afirmação descreve o alimentador de cães Pawsitive Care. Indique a sua concordância ou discordância, assinalando com um círculo o número adequado que corresponde às suas respostas:

Responda às seguintes perguntas, classificando-as de 1 a 4

4 - Concordo totalmente

3 - Concordo

2 - Não concordo

1 - Discordo totalmente

Funcionalidade Sustentabilidade

O mecanismo de distribuição do Pawsitive Care Dog Feeder alimentou com sucesso o cão no momento exato.

12 3 4

O mecanismo de eliminação do Pawsitive Care Dog Feeder eliminou com sucesso a comida do cão no momento exato.

12 3 4

A programação de refeições do Pawsitive Care Dog Feeder alimentou o cão com uma quantidade exacta de comida para cão com base na tabela de alimentação recomendada 12 3 4

O alimentador Pawsitive Care Dog Feeder pode armazenar uma quantidade típica de comida de cão numa arrecadação ou num recipiente 12 3 4

A interface de utilizador do alimentador de cães Pawsitive Care é uma aplicação móvel de fácil utilização que lhe permite introduzir facilmente as informações do cão, definir a refeição por dia, verificar o nível de comida restante e monitorizar o seu cão 12 3 4

Usabilidade

O alimentador para cães Pawsitive Care é fácil de instalar 12 3 4

A aplicação móvel do Pawsitive Care Dog Feeder é de fácil utilização ou fácil de usar 12 3 4

Em termos de precisão de alimentação, o Pawsitive Care Dog Feeder distribui a quantidade desejada de comida para cão

12 3 4

Caraterísticas em falta no sistema

Existe uma gravação e reprodução de vídeo e voz na aplicação móvel do alimentador automático para cães 12 3 4

Existem opções de bateria de reserva e de alimentação para o alimentador automático para animais de estimação 12 3 4

A aplicação móvel tem uma funcionalidade para definir o temporizador ou o horário da distribuição de alimentos 12 3 4

APÊNDICE D

Formulários de teste utilizados

TABELA 30 RESULTADOS DOS ENSAIOS UNITÁRIOS DO ESP8266 V1

Autor do teste:						
Nome do caso de teste:	Teste de unidade ESP8266		Teste ID # :			UT_ESPv1
Descrição:	Teste de unidade para saber se o ESP8266 está a funcionar corretamente		Tipo:			j j caixa branca] caixa preta
Informações do examinador						
Nome do testador:	Jaycion Ray H. Manicio		Data:			05 de março de 2023
Versão do hardware:	Hardware do PC ESPv1		Tempo :			3:00 PM
Instalação :	O ESP8266 está ligado à fonte de alimentação.					
Etapa	Ação	Resultado esperado	Passar	Falhar	N/A	Comentários
1	Teste de potência	O componente arrancará assim que a alimentação for aplicada.	/			Não há qualquer problema no que respeita ao teste de potência.
2	Carregamento do teste	O programa ou código será carregado sem qualquer erro e funcionará corretamente.	/			O código foi carregado com sucesso.
Resultado global do teste: Aprovado						

TABELA 31 RESULTADOS DOS ENSAIOS UNITÁRIOS DOS SERVOMOTORES V1

Autor do teste:						
Nome do caso de teste:	Teste de unidade de servomotores		Teste ID # :			UT_SMv1
Descrição:	Teste de unidade para saber se os servomotores estão a funcionar corretamente		Tipo:			1 1 caixa branca] caixa preta
Informações do examinador						
Nome do testador:	Christian Dave C. Codilla		Data:			05 de março de 2023
Versão do hardware:	Hardware PC SMv1		Tempo :			4:30 PM
Configuração :	O servo motor está ligado à fonte de alimentação.					
Passo	Ação	Resultado esperado	Passar	Falhar	N/A	Comentários
1	Teste de potência	O componente arrancará assim que a alimentação for aplicada.	/			Não há qualquer problema no que respeita ao teste de potência.
2	Carregamento do teste	O programa ou código será carregado sem qualquer erro e funcionará corretamente.	/			O código foi carregado com sucesso. O servo está a funcionar com sucesso.
Resultado global do teste: Aprovado						

TABELA 32 RESULTADOS DOS ENSAIOS UNITÁRIOS DA CÉLULA DE CARGA V1

Autor do teste:			
Nome do caso de teste:	Teste da célula de carga e da unidade descodificadora	Teste ID # :	UT_LCv1
Descrição:	Teste de unidade para saber se a célula de carga e o descodificador	Tipo:	1 1 caixa branca] caixa preta

	estão a funcionar corretamente		
Informações do examinador			
Nome do testador:	Jaycion Ray H. Manicio	**Data:**	05 de março de 2023
Versão do hardware:	Hardware PC LCv1	**Tempo :**	3:30 PM
Instalação :	A célula de carga é testada com o multímetro.		

Etapa	Ação	Resultado esperado	Passar	Falhar	N/A	Comentários
1	Teste de precisão	Pode medir o peso com exatidão.	/			A célula de carga está a funcionar corretamente.
2	Carregamento do teste	O programa ou código será carregado sem qualquer erro e o funcionará corretamente.	/			Não há qualquer problema com o teste de carregamento.
Resultado global do teste: Aprovado						

TABELA 33 RESULTADOS DOS ENSAIOS UNITÁRIOS DO ESP32 CAM V1

Autor do teste:			
Nome do caso de teste:	Teste da unidade CAM do ESP32	**Teste ID # :**	UT_ESP32CAMv1
Descrição:	Teste de unidade para saber se os servomotores estão a funcionar corretamente	**Tipo:**	] caixa branca] caixa preta
Informações do examinador			
Nome do testador:	Christian Dave C. Codilla	**Data:**	05 de março de 2023
Versão do hardware:	Hardware PC _ESP32CAMv1	**Tempo :**	4:50 PM
Configuração :	O ESP32 CAM está ligado à fonte de alimentação.		

Etapa	Ação	Resultado esperado	Passar	Falhar	N/A	Comentários
1	Teste de potência	O componente arrancará assim que a alimentação for aplicada.	/			O ESP Cam está a funcionar corretamente quando a fonte de alimentação é aplicada.
2	Carregamento do teste	O programa ou código será carregado sem qualquer erro e funcionará corretamente.	/			O código foi carregado com sucesso.
Resultado global do teste: Aprovado						

TABELA 34 RESULTADOS DOS ENSAIOS UNITÁRIOS DA FOTORESISTÊNCIA V1

Autor do teste:			
Nome do caso de teste:	Teste de unidade de fotoresistor	**Teste ID # :**	UT_PRv1
Descrição:	Teste unitário para saber se o fotoresistor está a funcionar corretamente	**Tipo:**	1 1 caixa branca] caixa preta
Informações do examinador			
Nome do testador:	Christian Dave C. Codilla	**Data:**	05 de março de 2023
Versão do hardware:	PC _PRv1 Hardware	**Tempo :**	6:00 PM
Instalação :	O fotoresistor está ligado à fonte de alimentação.		

Etapa	Ação	Resultado esperado	Passar	Falhar	N/A	Comentários
1	Carregamento do teste	O programa ou código será carregado sem qualquer erro e funcionará corretamente.	/			Não há qualquer problema com o código que está a ser carregado.
2	Cablagens e ligações	Capaz de detetar a luz e a escuridão.	/			Não há qualquer problema com a ligação.

Resultado global do teste: Aprovado

TABELA 35 RESULTADOS DOS ENSAIOS UNITÁRIOS DA FONTE DE ALIMENTAÇÃO V1

Autor do teste:						
Nome do caso de teste:	Fonte de alimentação			Teste ID # :		UT_PSv1
Descrição:	Teste da unidade para saber se a fonte de alimentação está a funcionar corretamente.			Tipo:		1 1 caixa branca] caixa preta
Informações do examinador						
Nome do testador:	Jaycion Ray H. Manicio			Data:		06 de março de 2023
Versão do hardware:	PC_Sv1 Hardware			Tempo :		1:30 PM
Instalação :	A fonte de alimentação será testada com o multímetro					
Etapa	Ação	Resultado esperado	Passar	Falhar	N/A	Comentários
1	Teste de tensão	O valor da tensão ou saída na fonte de alimentação é de 12v.	/			O valor da tensão da fonte de alimentação está correto.
Resultado global do teste: Aprovado						

TABELA 36 RESULTADOS DOS ENSAIOS UNITÁRIOS DO RELÉ V1

Autor do teste:						
Nome do caso de teste:	Teste da unidade de relé			Teste ID # :		UT_Rv1
Descrição:	Teste da unidade para saber se o relé está a funcionar corretamente e se tem o valor correto da resistência.			Tipo:		1 1 caixa branca] caixa preta
Informações do examinador						
Nome do testador:	Jaycion Ray H. Manicio			Data:		06 de março de 2023
Versão do hardware:	Hardware PC Rv1			Tempo :		1:50 PM
Configuração :	O relé será testado com o multímetro.					
Etapa	Ação	Resultado esperado	Passar	Falhar	N/A	Comentários
1	Resistência Teste de valor	O valor de saída ou de resistência esperado será medido.	/			O resultado ou valor esperado é medido corretamente.
Resultado global do teste: Aprovado						

TABELA 37 RESULTADOS DOS ENSAIOS UNITÁRIOS DO MÓDULO USB STEP-DOWN V1

Autor do teste:						
Nome do caso de teste:	Teste de unidade do módulo de descida			Teste ID # :		UT_SDMv1
Descrição:	Teste unitário para saber se o módulo de descida de nível está a funcionar corretamente			Tipo:		1 1 caixa branca] caixa preta
Informações do examinador						
Nome do testador:	Jaycion Ray H. Manicio			Data:		06 de março de 2023
Versão do hardware:	Hardware PC SDMv1			Tempo :		2:30 PM
Configuração :	O módulo de redução será testado com um multímetro.					
Etapa	Ação	Resultado esperado	Passar	Falhar	N/A	Comentários
1	Teste de potência	O componente será capaz de converter ou regular a tensão.	/			
Resultado global do teste: Aprovado						

QUADRO 38 RESULTADOS DOS ENSAIOS UNITÁRIOS DAS FITAS DE LED/LUZES V1

Redator do teste:

Nome do caso de teste:	Teste de unidade do módulo de descida			Teste ID # :	UT_LEDv1	
Descrição:	Teste de unidade para saber se as luzes LED estão a funcionar.			Tipo:	1 1 caixa branca] caixa preta	
Informações do examinador						
Nome do testador:	Jaycion Ray H. Manicio			Data:	06 de março de 2023	
Versão do hardware:	Hardware do PC LEDv1			Tempo :	3:00 PM	
Instalação :	As luzes LED serão testadas ligando-as a uma fonte de alimentação					
Etapa	**Ação**	**Resultado esperado**	**Passar**	**Falhar**	**N/A**	**Comentários**
1	Teste de potência	O componente ilumina-se quando ligado a uma fonte de alimentação.	/			As tiras de LED estão a funcionar corretamente.
Resultado global do teste: Aprovado						

TABELA 39 RESULTADOS DOS ENSAIOS DE INTEGRAÇÃO DO MÓDULO DE LUZ NOCTURNA V1

Autor do teste:						
Nome do caso de teste:	Teste de integração do módulo de luz nocturna			Teste ID # :	IT_NLMv1	
Descrição:	A integração testa se a combinação de fotoresistor e luzes LED pode funcionar como luz nocturna.			Tipo:	1 1 caixa branca] caixa preta	
Informações do examinador						
Nome do testador:	Sunny A. Dy			Data:	10 de abril de 2023	
Versão do hardware:	Hardware do PC NLMv1			Tempo :	4:00 PM	
Instalação :	O módulo de luz nocturna é ligado a uma fonte de alimentação com códigos específicos introduzidos.					
Etapa	**Ação**	**Resultado esperado**	**Passar**	**Falhar**	**N/A**	**Comentários**
1	Teste de potência	O módulo arrancará assim que a alimentação for aplicada.	/			
2	Carregamento do teste	O programa ou código será carregado sem qualquer erro e funcionará corretamente.		/		Existe um erro no código.
3	Teste de funcionalidade	As luzes LED ligam-se automaticamente se o fotoresistor detetar a falta de luz; e vice-versa		/		As luzes LED não funcionaram devido a problemas de cablagem.
Resultado global do teste: Reprovado						

TABELA 40 RESULTADOS DOS ENSAIOS DE INTEGRAÇÃO DO MÓDULO DE LUZ NOCTURNA V2

Redator do teste:			
Nome do caso de teste:	Teste de integração do módulo de luz nocturna	Teste ID # :	IT_NLMv2
Descrição:	A integração testa se a combinação de fotoresistor e luzes LED pode funcionar como luz nocturna.	Tipo:	1 1 caixa branca] caixa preta
Informações do examinador			
Nome do testador:	Sunny A. Dy	Data:	10 de abril de 2023
Versão do hardware:	Hardware do PC NLMv2	Tempo :	4:10 PM
Instalação :	O módulo de luz nocturna é ligado a uma fonte de alimentação com códigos		

	especíﬁcos introduzidos.				
Etapa	**Ação**	**Resultado esperado**	**Passar**	**Falhar**	**N/A**	**Comentários**
1	Teste de potência	O módulo arrancará assim que a alimentação for aplicada.	/			
2	Carregamento do teste	O programa ou código será carregado sem qualquer erro e funcionará corretamente.	/			
3	Teste de funcionalidade	As luzes LED ligam-se automaticamente se o fotoresistor detetar a falta de luz; e vice-versa	/			As luzes LED ligam-se automaticamente se o módulo detetar falta de luz e desligam-se se detetar uma grande quantidade de luz.
Resultado global do teste: Aprovado						

TABELA 41 RESULTADOS DOS ENSAIOS DE INTEGRAÇÃO DA DISTRIBUIÇÃO MÓDULO SERVO V1

Redator do teste:			
Nome do caso de teste:	Teste de integração do módulo servo de distribuição	**Teste ID # :**	IT_DSMv1
Descrição:	Teste de integração para verificar se o servo funciona com base na alimentação manual e automática.	**Tipo:**	i 1 caixa branca] caixa preta
Informações do examinador			
Nome do testador:	Christian S. Manong	**Data:**	12 de abril de 2023
Versão do hardware:	Hardware do PC DSMv1	**Tempo :**	11:00 AM
Configuração :	O Servomódulo de Dispensa está ligado a uma fonte de alimentação e será testado para verificar se segue o tempo fixo de dispensa de alimentos.		

Etapa	**Ação**	**Resultado esperado**	**Passar**	**Falhar**	**N/A**	**Comentários**
1	Teste de potência	O módulo arranca quando a alimentação é aplicada.	/			
2	Carregamento do teste	O programa ou código será carregado sem qualquer erro e funcionará corretamente.		/		Ocorreu um erro ao executar o código.
3	Teste de funcionalidade	O módulo DS funcionará de acordo com o quadro apresentado para a distribuição de alimentos.		/		O módulo DS não funcionou devido a problemas de conetividade entre a base de incêndio. Além disso, existe um problema no código.
Resultado global do teste: Reprovado						

QUADRO 42 RESULTADOS DOS ENSAIOS DE INTEGRAÇÃO DA DISTRIBUIÇÃO MÓDULO SERVO V2

Autor do teste:			
Nome do caso de teste:	Teste de integração do módulo servo de distribuição	**Teste ID # :**	IT_DSMv2
Descrição:	Teste de integração para verificar se o servo funciona com base na alimentação manual e automática.	**Tipo:**	1 1 caixa branca] caixa preta

Informações do examinador						
Nome do testador:	Christian S. Manong		**Data:**		23 de abril de 2023	
Versão do hardware:	Hardware do PC DSMv2		**Tempo :**		3:00 PM	
Configuração :	O Servomódulo de Dispensa está ligado a uma fonte de alimentação e será testado para verificar se segue o tempo fixo de dispensa de alimentos.					
Etapa	**Ação**	**Resultado esperado**	**Passar**	**Falhar**	**N/A**	**Comentários**
1	Teste de potência	O módulo arranca assim que a alimentação é aplicada.	/			
2	Carregamento do teste	O programa ou código será carregado sem qualquer erro e funcionará corretamente.	/			
3	Teste de funcionalidade	O módulo DS funcionará de acordo com o quadro apresentado para a distribuição de alimentos.		/		A função ainda não está a funcionar corretamente.
Resultado global do teste: Reprovado						

QUADRO 43 RESULTADOS DOS ENSAIOS DE INTEGRAÇÃO DA DISTRIBUIÇÃO

MÓDULO SERVO V3

Autor do teste:						
Nome do caso de teste:	Teste de integração do módulo servo de distribuição		**Teste ID # :**		IT_DSMv3	
Descrição:	Teste de integração para verificar se o servo funciona com base na alimentação manual e automática.		**Tipo:**		1 1 caixa branca] caixa preta	
Informações do examinador						
Nome do testador:	Christian S. Manong		**Data:**		27 de abril de 2023	
Versão do hardware:	Hardware do PC DSMv3		**Tempo :**		4:30 PM	
Configuração :	O Servomódulo de Dispensa está ligado a uma fonte de alimentação e será testado para verificar se segue o tempo fixo de dispensa de alimentos.					
Etapa	**Ação**	**Resultado esperado**	**Passar**	**Falhar**	**N/A**	**Comentários**
1	Teste de potência	O módulo arrancará assim que a alimentação for aplicada.	/			
2	Carregamento do teste	O programa ou código será carregado sem qualquer erro e funcionará corretamente.		/		Ocorreu um erro ao executar o código.
3	Teste de funcionalidade	O módulo DS funcionará de acordo com o quadro apresentado para a distribuição de alimentos.		/		O erro no código foi corrigido, mas continua a não funcionar como esperado.
Resultado global do teste: Reprovado						

QUADRO 44 RESULTADOS DOS ENSAIOS DE INTEGRAÇÃO DA DISTRIBUIÇÃO

MÓDULO SERVO V4

Redator do teste:							
Nome do caso de teste:	Teste de integração do módulo servo de distribuição			**Teste ID # :**		IT_DSMv4	
Descrição:	Teste de integração para verificar se o servo funciona com base na alimentação manual e automática.			**Tipo:**		1 1 caixa branca] caixa preta	
Informações do examinador							
Nome do testador:	Christian S. Manong			**Data:**		5 de maio de 2023	
Versão do hardware:	Hardware do PC DSMv4			**Tempo :**		4:30 PM	
Instalação :	O Servomódulo de Dispensa está ligado a uma fonte de alimentação e será testado para verificar se segue o tempo fixo de dispensa de alimentos.						
Etapa	**Ação**	**Resultado esperado**	**Passar**	**Falhar**	**N/A**	**Comentários**	
1	Teste de potência	O módulo arrancará assim que a alimentação for aplicada.	/				
2	Carregamento do teste	O programa ou código será carregado sem qualquer erro e funcionará corretamente.	/				
3	Teste de funcionalidade	O módulo DS funcionará de acordo com o quadro apresentado para a distribuição de alimentos.	/			O Módulo DS funciona de acordo com o horário indicado na tabela. Funciona de acordo com a hora fixada e também funciona sempre que o botão manual de dispensa é premido.	
Resultado global do teste: Aprovado							

TABELA 45 RESULTADOS DOS TESTES DE INTEGRAÇÃO DA ELIMINAÇÃO MÓDULO SERVO V1

Autor do teste:							
Nome do caso de teste:	Eliminação do teste de integração do módulo servo			**Teste ID # :**		IT_DISMv1	
Descrição:	Teste de integração para verificar se o servo funciona com base na eliminação manual e automática.			**Tipo:**		1 1 caixa branca] caixa preta	
Informações do examinador							
Nome do testador:	Christian S. Manong			**Data:**		8 de maio de 2023	
Versão do hardware:	Hardware do PC DISMv1			**Tempo :**		7:00 PM	
Configuração :	O Servomódulo de Eliminação está ligado a uma fonte de alimentação e será testado para verificar se segue o tempo fixo para a eliminação de alimentos						
Etapa	**Ação**	**Resultado esperado**	**Passar**	**Falhar**	**N/A**	**Comentários**	
1	Teste de potência	O módulo arrancará assim que a alimentação for aplicada.	/				
2	Carregamento do teste	O programa ou código será carregado sem qualquer erro e funcionará corretamente.		/		Ocorreu um erro ao executar o código.	
3	Teste de funcionalidade	O módulo DIS funcionará de acordo com o botão para a		/		O módulo DS não funcionou devido a alguns erros de código.	

		eliminação manual e o período de tempo programado para a eliminação automática.				
Resultado global do teste: Reprovado						

TABELA 46 RESULTADOS DOS TESTES DE INTEGRAÇÃO DA ELIMINAÇÃO MÓDULO SERVO V2

Autor do teste:						
Nome do caso de teste:		Eliminação do teste de integração do módulo servo		**Teste ID # :**		IT_DISMv2
Descrição:		Teste de integração para verificar se o servo funciona com base na eliminação manual e automática.		**Tipo:**		1 1 caixa branca] caixa preta
Informações do examinador						
Nome do testador:		Christian S. Manong		**Data:**		12 de maio de 2023
Versão do hardware:		Hardware do PC DISMv2		**Tempo :**		5:00 PM
Configuração :		O Servomódulo de Eliminação está ligado a uma fonte de alimentação e será testado para verificar se segue o tempo fixo para a eliminação de alimentos				
Passo	**Ação**	**Resultado esperado**	**Passar**	**Falhar**	**N/A**	**Comentários**
1	Teste de potência	O módulo arranca quando a alimentação é aplicada.	/			
2	Carregamento do teste	O programa ou código será carregado sem qualquer erro e funcionará corretamente.	/			
3	Teste de funcionalidade	O módulo DIS funcionará de acordo com o botão para a eliminação manual e o período de tempo programado para a eliminação automática.	/			O módulo DIS elimina automaticamente os alimentos 15 minutos após a distribuição automática e funciona também sempre que o botão de eliminação manual é premido.
Resultado global do teste: Aprovado						

TABELA 47 RESULTADOS DOS ENSAIOS DE INTEGRAÇÃO DO MÓDULO DE CÂMARA V1

Autor do teste:						
Nome do caso de teste:		Teste de integração do módulo de câmara		**Teste ID # :**		IT_CAMv1
Descrição:		Teste de integração para verificar se a câmara ESP32 funciona		**Tipo:**		1 1 hexágono branco] caixa preta
Informações do examinador						
Nome do testador:		Christian Dave C. Codilla		**Data:**		2 de abril de 2023
Versão do hardware:		Hardware PC CAMv1		**Tempo :**		5:00 PM
Instalação :		A câmara será testada se mostrar vídeo em direto na aplicação móvel.				
Etapa	**Ação**	**Resultado esperado**	**Passar**	**Falhar**	**N/A**	**Comentários**
1	Teste de potência	O módulo arranca quando a alimentação é aplicada.	/			
2	Carregamento do teste	O programa ou código será carregado sem qualquer erro e funcionará corretamente.		/		O programa não funcionou devido à falta de algumas bibliotecas. É importante instalar ou adicionar as bibliotecas corretas para que o programa funcione

						corretamente.
3	Teste de funcionalidade	O módulo de câmara funcionará e poderá ser acedido através da aplicação móvel.		/		A câmara não funcionou devido a problemas de conetividade entre a câmara ESP32, o firebase e a aplicação MIT. Além disso, há um erro no programa.
Resultado global do teste: Reprovado						

QUADRO 48 RESULTADOS DOS ENSAIOS DE INTEGRAÇÃO DO MÓDULO DE CÂMARA V2

Redator do teste:						
Nome do caso de teste:	Teste de integração do módulo de câmara			**Teste ID # :**	IT_CAMv2	
Descrição:	Teste de integração para verificar se a câmara ESP32 funciona			**Tipo:**	i i caixa branca] caixa preta	
Informações do examinador						
Nome do testador:	Christian Dave C. Codilla			**Data:**	17 de abril de 2023	
Versão do hardware:	Hardware PC CAMv2			**Tempo :**	5:00 PM	
Instalação :	A câmara será testada se mostrar vídeo em direto na aplicação móvel.					
Etapa	**Ação**	**Resultado esperado**	**Passar**	**Falhar**	**N/A**	**Comentários**
1	Teste de potência	O módulo arranca quando a alimentação é aplicada.	/			
2	Carregamento do teste	O programa ou código será carregado sem qualquer erro e funcionará corretamente.	/			O programa funciona corretamente porque todas as bibliotecas necessárias são descarregadas ou adicionadas.
3	Teste de funcionalidade	O módulo de câmara funcionará e poderá ser acedido através da aplicação móvel.		/		O código funciona, mas ainda não tem a funcionalidade esperada
Resultado global do teste: Reprovado						

TABELA 49 RESULTADOS DOS ENSAIOS DE INTEGRAÇÃO DO MÓDULO DE CÂMARA V3

Redator do teste:						
Nome do caso de teste:	Teste de integração do módulo de câmara			**Teste ID # :**	IT_CAMv3	
Descrição:	Teste de integração para verificar se a câmara ESP32 funciona			**Tipo:**	1 1 hexágono branco] caixa preta	
Informações do examinador						
Nome do testador:	Christian Dave C. Codilla			**Data:**	27 de abril de 2023	
Versão do hardware:	Hardware PC CAMv3			**Tempo :**	4:00 PM	
Configuração :	A câmara será testada se mostrar vídeo em direto na aplicação móvel.					
Etapa	**Ação**	**Resultado esperado**	**Passar**	**Falhar**	**N/A**	**Comentários**
1	Teste de potência	O módulo arrancará assim que a alimentação for aplicada.	/			
2	Carregamento do teste	O programa ou código será carregado sem qualquer erro e funcionará corretamente.	/			
3	Teste de funcionalidade	O módulo de câmara funcionará e poderá ser	/			A câmara é acessível através da aplicação móvel e

		acedido através da aplicação móvel.				funciona em tempo real.
Resultado global do teste: Aprovado						

TABELA 51 RESULTADOS DOS TESTES DE SISTEMA DA APLICAÇÃO MÓVEL V2

Autor do teste:						
Nome do caso de teste:	Teste de sistemas de aplicações móveis		**Teste ID # :**		ST_MAv1	
Descrição:	Teste de sistemas para aplicações móveis		**Tipo:**		1 1 caixa branca] caixa preta	
Informações do examinador						
Nome do testador:	Jaycion Ray H. Manicio/ Sunny A. Dy		**Data:**		9 de maio de 2023	
Versão:	PC MAv1		**Tempo :**		1:00 PM	
Configuração :	A aplicação móvel será testada se enviar dados para o Firebase para o hardware.					
Etapa	**Ação**	**Resultado esperado**	**Passar**	**Falhar**	**N/A**	**Comentários**
1	Teste de funcionalidade	Os botões funcionam como esperado.	/			
2	Dados Envio	Os botões de funcionalidade enviam dados para o firebase e depois para o hardware		/		Os botões da aplicação móvel não enviavam dados para o firebase.
3	Guardar dados	A aplicação guarda os dados definidos pelo utilizador	/			
Resultado global do teste: Reprovado						

TABELA 51 RESULTADOS DOS TESTES DE SISTEMA DA APLICAÇÃO MÓVEL V2

Redator do teste:						
Nome do caso de teste:	Teste de sistemas de aplicações móveis		**Teste ID # :**		ST_MAv2	
Descrição:	Teste de sistemas para aplicações móveis		**Tipo:**		1 1 hexágono branco] caixa preta	
Informações do examinador						
Nome do testador:	Jaycion Ray H. Manicio/ Sunny A. Dy		**Data:**		14 de maio de 2023	
Versão:	Hardware do PC MAv2		**Tempo :**		2:00 PM	
Instalação :	A aplicação móvel será testada se enviar dados para o Firebase para o hardware.					
Etapa	**Ação**	**Resultado esperado**	**Passar**	**Falhar**	**N/A**	**Comentários**
1	Teste de funcionalidade	Os botões funcionam como previsto.	/			
2	Dados Envio	Os botões de funcionalidade enviam dados para o firebase e depois para o hardware	/			A aplicação móvel funciona como esperado, guardando e enviando dados para o firebase e para o hardware.
3	Guardar dados	A aplicação guarda os dados definidos pelo utilizador	/			
Resultado global do teste: Aprovado						

TABELA 52 RESULTADOS DOS TESTES DE SISTEMA DO FIREBASE V1

Autor do teste:			
Nome do caso de teste:	Teste do sistema Firebase	**Teste ID # :**	ST_FBv1
Descrição:	Teste de sistema para Firebase	**Tipo:**	1 1 caixa branca] caixa preta
Informações do examinador			

Nome do examinador:	Jaycion Ray H. Manicio / Sunny A. Dy			**Data:**	16 de maio de 2023
Versão:	PC FBv1			**Tempo :**	3:00 PM
Configuração :	Testar o Firebase se este serve de suporte para a aplicação móvel e o hardware.				

Etapa	**Ação**	**Resultado esperado**	**Passar**	**Falhar**	**N/A**	**Comentários**
1	Dados Envio	Os botões de funcionalidade enviam dados para o firebase e depois para o hardware	/			O Firebase recebe os dados da aplicação móvel e envia-os para o hardware.
2	Receção de dados	A aplicação guarda os dados definidos pelo utilizador	/			
Resultado global do teste: Aprovado						

TABELA 53 RESULTADOS DOS ENSAIOS DE SISTEMA DO MECANISMO DE TEMPORIZAÇÃO V1

Autor do teste:			
Nome do caso de teste:	Ensaio do sistema de mecanismo de temporização	**Teste ID # :**	ST_TMv1
Descrição:	Ensaio do sistema para o mecanismo de tempo/programação	**Tipo:**	1 1 hexágono branco] caixa preta
Informações do examinador			
Nome do testador:	Christian S. Manong	**Data:**	18 de maio de 2023
Versão:	PC TMv1	**Tempo :**	7:00 PM
Instalação :	Testar os servos afectados à distribuição e eliminação de alimentos utilizando a aplicação móvel.		

Etapa	**Ação**	**Resultado esperado**	**Passar**	**Falhar**	**N/A**	**Comentários**
1	Programação	Os módulos de distribuição e distribuição de alimentos funcionam com base no horário fixo do quadro apresentado.	/			Distribui e dispõe corretamente os alimentos num horário fixo a partir do quadro dado.
2	Exatidão	O atraso dos servos é exato para uma medição adequada da porção de alimentos.		/		O tempo para as rotações do servo não está a dar a quantidade recomendada de alimentos com base na tabela.
Resultado global do teste: Reprovado						

QUADRO 54 RESULTADOS DOS ENSAIOS DE SISTEMA DO MECANISMO DE TEMPORIZAÇÃO V2

Redator do teste:			
Nome do caso de teste:	Ensaio do sistema de mecanismo de temporização	**Teste ID # :**	ST_TMv2
Descrição:	Ensaio do sistema para o mecanismo de tempo/programação	**Tipo:**	1 1 caixa branca] caixa preta
Informações do examinador			
Nome do examinador:	Christian S. Manong	**Data:**	20 de maio de 2023
Versão:	PC TMv2	**Tempo :**	10:00 AM
Configuração :	Testar os servos afectados à distribuição e eliminação de alimentos utilizando a aplicação móvel.		

Etapa	**Ação**	**Resultado esperado**	**Passar**	**Falhar**	**N/A**	**Comentários**
1	Programação	Os módulos de distribuição e distribuição de alimentos funcionam	/			Distribui e dispõe corretamente os alimentos num horário fixo a partir do quadro dado.

		com base no horário fixo do quadro apresentado.				
2	Exatidão	O atraso dos servos é exato para uma medição adequada da porção de alimentos.	/			O tempo para as rotações do servo está a dar a quantidade recomendada de alimentos com base na tabela.
Resultado geral do teste: O tempo para cada funcionalidade está a funcionar exatamente como esperado.						

QUADRO 55 RESULTADOS DOS TESTES DE SISTEMA DA NOTIFICAÇÃO DE ALERTA V1

Autor do teste:			
Nome do caso de teste:	Teste do sistema de notificação de alertas	**Teste ID # :**	ST_ANv1
Descrição:	Ensaio do sistema de notificação de alertas	**Tipo:**	1 1 caixa branca] caixa preta
Informações do examinador			
Nome do testador:	Sunny A. Dy/ Jaycion Ray H. Manicio	**Data:**	15 de maio de 2023
Versão:	PC ANv1	**Tempo :**	2:00 PM
Configuração :	Testar se a célula de carga acciona o sistema de alerta, emitindo uma notificação se o nível dos alimentos estiver baixo. E enviar uma notificação se o protótipo dispensar e eliminar automaticamente os alimentos.		

Etapa	Ação	Resultado esperado	Passar	Falhar	N/A	Comentários
1	Célula de carga Calibração	A célula de carga mede a quantidade de alimentos no interior do recipiente.		/		A célula de carga não mediu a quantidade de comida de cão no recipiente devido a um erro de código.
2	Notificação para o nível alimentar	Envio de notificação se o nível de alimentos for de 1 kg ou 33%.		/		Não enviou a notificação porque a célula de carga não está a funcionar.
3	Notificação para distribuição e distribuição automática	O sistema envia uma notificação para a aplicação móvel se o protótipo dispensar ou eliminar automaticamente os alimentos.	/			
Resultado global do teste: Reprovado						

QUADRO 56 RESULTADOS DOS TESTES DE SISTEMA DA NOTIFICAÇÃO DE ALERTA V2

Autor do teste:			
Nome do caso de teste:	Teste do sistema de notificação de alertas	**Teste ID # :**	ST_ANv2
Descrição:	Teste do sistema de notificação de alertas	**Tipo:**	1 1 caixa branca] caixa preta
Informações do examinador			
Nome do testador:	Sunny A. Dy/ Jaycion Ray H. Manicio	**Data:**	24 de maio de 2023
Versão:	PC ANv2	**Tempo :**	12:00 AM
Instalação :	Testar se a célula de carga acciona o sistema de alerta, emitindo uma notificação se o nível dos alimentos estiver baixo. E enviar uma notificação se o protótipo dispensar e eliminar automaticamente os alimentos.		

Etapa	Ação	Resultado esperado	Passar	Falhar	N/A	Comentários
1	Célula de carga	A célula de carga		/		A célula de carga não mediu

	Calibração	mede a quantidade de alimentos no interior do recipiente.				corretamente a quantidade de comida de cão no recipiente.
2	Notificação para o nível alimentar	Envio de notificação se o nível de alimentos for de 1 kg ou 33%.	/			
3	Notificação para distribuição e distribuição automática	O sistema envia uma notificação para a aplicação móvel se o protótipo dispensar ou eliminar automaticamente os alimentos.	/			
Resultado global do teste: Reprovado						

QUADRO 57 RESULTADOS DOS TESTES DE SISTEMA DA NOTIFICAÇÃO DE ALERTA V3

Redator do teste:			
Nome do caso de teste:	Teste do sistema de notificação de alertas	**Teste ID # :**	ST_ANv3
Descrição:	Teste do sistema de notificação de alertas	**Tipo:**	1 1 caixa branca] caixa preta
Informações do examinador			
Nome do testador:	Sunny A. Dy/ Jaycion Ray H. Manicio	**Data:**	28 de maio de 2023
Versão:	PC ANv3	**Tempo :**	2:00 AM
Instalação :	Testar se a célula de carga acciona o sistema de alerta, emitindo uma notificação se o nível dos alimentos estiver baixo. E enviar uma notificação se o protótipo dispensar e eliminar automaticamente os alimentos.		

Etapa	**Ação**	**Resultado esperado**	**Passar**	**Falha**	**N/A**	**Comentários**
1	Célula de carga Calibração	A célula de carga mede a quantidade de alimentos no interior do recipiente.	/			
2	Notificação para o nível alimentar	Envio de notificação se o nível de alimentos for de 1 kg ou 33%.	/			Envia corretamente uma notificação quando o nível de alimentos é de 1 kg ou 33%.
3	Notificação para distribuição e distribuição automática	O sistema envia uma notificação para a aplicação móvel se o protótipo dispensar ou eliminar automaticamente os alimentos.	/			O sistema de notificação funciona como esperado, enviando uma notificação quando: o protótipo dispensou ou eliminou alimentos de forma automática ou manual, o nível de alimentos no contentor está num nível baixo.
Resultado global do teste: Aprovado						

TABELA 58 RESULTADOS DOS TESTES DE SISTEMA DA CÂMARA EM DIRECTO V1

Autor do teste:			
Nome do caso de teste:	Teste de sistemas de câmaras em direto	**Teste ID # :**	ST_LCv1
Descrição:	Teste do sistema para câmaras em direto	**Tipo:**	1 1 caixa branca] caixa preta
Informações do examinador			

Nome do testador:	Christian Dave C. Codilla			Data:		27 de maio de 2023
Versão:	PC LCv1			Tempo :		11:00 PM
Configuração :	Testar a câmara através da aplicação móvel, se esta mostrar vídeo.					
Passo	**Ação**	**Resultado esperado**	**Passar**	**Falhar**	**N/A**	**Comentários**
1	Câmara	A câmara pode ser acedida através de uma aplicação móvel	/			A câmara é acessível através da aplicação móvel.
Resultado global do teste: Aprovado						

Apêndice E

Especificações de hardware e fichas de dados

Tabela 59: Tabela de especificações de hardware

Item	**Especificação**
Microcontrolador	ESP8266, ESP32 CAM
Fonte de alimentação	12V DC/ 10A/240 W
Tamanho	30,5 cm/55 cm x 25,5 cm x 64 cm/55 cm (C (contentor/gaveta) x L x A)
Conector	Fios de ligação em ponte (M para M, M para F, F para F)

Apêndice F

Software

Especificações

Tabela 60: Tabela de especificações de software

Item	Especificação
Aplicação móvel	Inventor de aplicações do MIT
Servidor em nuvem	Firebase
Ambiente de desenvolvimento integrado	IDE Arduino

APÊNDICE G

Repartição orçamental

Tabela 61: Repartição orçamental

Items	Price
Electrical Components	₱5,000.00
Casing Labor Fee	₱3,000.00
Other materials (Prototype Maintenance)	₱4,100.00
	Total: **₱12,100.00**

Componentes eléctricos

Taxa de mão de obra de revestimento

Outros materiais (Manutenção de protótipos)

Total: P12,100.00

APÊNDICE H

Manual do utilizador

Pawsitive Care:

Automatic Dog Feeder

Introduction:

This prototype is made of different combinations of electrical components creating modules with unique functionalities. You MUST first train your dog on how to use it, familiarization of the dog with the gadget is highly RECOMMENDED.

Hardware Specifications:

Item	Specification
Microcontroller	ESP8266, ESP32 CAM
Power Supply	12V DC/ 10A/ 240 W
Size	30.5cm/55cm x 25.5cm x 64cm/55cm (L (container/drawer) x W x H)
Connector	Jumper Wires (M to M, M to F, F to F)

Note:

- **It must be powered up with a 220 V outlet or any power source.**
- **Must be away from any forms of liquid.**
- **Must be handled with care.**

Device/ Prototype:

1. Connect the device to a power source.
2. You must configure the Wi-Fi first for it to connect to the internet.
3. As it gets connected to the internet, the bowl will rotate signaling it's ready to use.

Mobile Application:

1. The loading screen showing the logo will show up first upon clicking the application.
2. You will be asked for your dog's name.
3. Then, you need to choose the correct selection for your dog's breed.
4. Next, select the appropriate age range for your dog.
5. And now, you will get to choose how many meals per day you want to serve for your dog. P.S. There will be a recommended table for food distribution, and it is already verified by an expert.
6. You will now be redirected to the Dashboard in which you can see the icon for Manual Dispensing (Treats) and Manual Disposing of Food.
7. The middle selection redirects you to the Live View in which you can access the camera and control it whatever direction you want.
8. Lastly, the third selection shows you the data and information about your dog.

Introdução:
Este protótipo é feito de diferentes combinações de componentes eléctricos, criando módulos com funcionalidades únicas. É necessário primeiro treinar o seu cão para o utilizar. A familiarização do cão com o aparelho é altamente RECOMENDADA.
Especificações de hardware:

encher	Especificação
Microcontrolador	ESPS266. ESP32 CAM
Fonte de alimentação	12 V DC LOA 240 W
Tamanho	30,5cm 55cm x 25,5cm x 04cm 55cm <L (gaveta do contentor) x L xHi
Conector	Fios de ligação (M a M, M lo F. F a Fj

Nota:

- Deve ser ligado a uma tomada de 220 V ou a qualquer fonte de alimentação.
- Deve estar afastado de qualquer forma de líquido.
- Deve ser manuseado com cuidado.

Dispositivo/Protótipo:

1. Ligar o dispositivo a uma fonte de alimentação.
2. É necessário configurar primeiro o Wi-Fi para que este possa ligar-se à Internet.
3. Quando se liga à Internet, a taça roda para indicar que está pronta a ser utilizada.

Aplicação móvel:

1. O ecrã de carregamento com o logótipo aparecerá primeiro quando se clicar na aplicação.
2. O voucher será cinzelado com o nome do seu cão.
3. Depois, é necessário escolher a seleção correta para a raça do seu cão.
4. Em seguida, selecione a faixa etária adequada para o seu cão.
5. E agora, poderás escolher quantas refeições por dia queres servir ao teu cão.

P.S. Haverá uma tabela recomendada para a distribuição de alimentos, que já foi verificada por um especialista.

6. Será agora redireccionado para o Painel de Controlo, no qual pode ver o ícone para Distribuição Manual (Guloseimas) e Eliminação Manual de Alimentos.
7. A seleção do meio redirecciona-o para a Visualização ao vivo, na qual pode aceder à câmara e controlá-la na direção que desejar.
8. Por último, a terceira seleção mostra-lhe os dados e as informações sobre o seu cão.

APÊNDICE I

Certificado de revisão de provas

Código fonte do alimentador de animais

```
#include <FirebaseArduino.h>
#include <ESP8266WiFi.h>
#include <ESP8266HTTPClient.h>

//
#include <Servo.h>

// Replace with your Firebase project's credentials
#define FIREBASE_HOST "dog-feeder-5457c-default-rtdb.firebaseio.com"
#define FIREBASE_AUTH "Jm6xENGOGvwwtCDYwA98eP9ZALhsKkHkWm5TjZsP"

// Replace with your network credentials
#define WIFI_SSID "NoWifi"
#define WIFI_PASSWORD "wifi12345"
#include <NTPtimeESP.h>
//
#include "HX711.h"
#define DOUT  D5
#define CLK  D6
HX711 scale(DOUT, CLK);

///
unsigned long previousMillis1 = 0;  // Variable to store the last time the message was printed
long noDataInterval1;  // Interval for "No data found" message (in milliseconds)
boolean displayDataFound1 = false;  // Flag to indicate if "Data found" should be displayed

///

float calibration_factor = 145.36;
float units;

// Watchdog timer interval in milliseconds
const unsigned long WATCHDOG_INTERVAL = 1000;
```

```
// Timer variables
unsigned long previousMillis = 0;


///
const unsigned long INTERVAL = 900000; // 15 minutes in milliseconds
unsigned long previousTime = 0;
//

#define DEBUG_ON
int done = 0;

NTPtime NTPch("ch.pool.ntp.org");   // Choose server pool as required
char *ssid      = "NoWifi";                // Set you WiFi SSID
char *password  = "wifi12345";                // Set you WiFi password

byte actualHour;
byte actualMinute;
byte actualsecond;
String feeding;
String feeds;
String ftrash;
String timenow;

int num = 0;
strDateTime dateTime;

//
const int LDR_PIN = A0;        // Analog input pin for LDR

const int LDR_THRESHOLD = 1000;  // Threshold value to determine darkness

//
```

```
unsigned long currentTime;

Servo servo, servo1;
void setup() {
  Serial.begin(115200);
  WiFi.begin(WIFI_SSID, WIFI_PASSWORD);
  Serial.print("Connecting to WiFi");
  while (WiFi.status() != WL_CONNECTED) {
    Serial.print(".");
    delay(500);
  }
  //Serial.println();
  //Serial.print("Connected to WiFi, IP address: ");
  //Serial.println(WiFi.localIP());
  Firebase.begin(FIREBASE_HOST, FIREBASE_AUTH);
  //
  //Serial.println("HX711 weighing");
  scale.set_scale(calibration_factor);
  scale.tare();
  // Serial.println("Readings:");
  ///
  pinMode(D2, OUTPUT);
  pinMode(D3, OUTPUT);
  servo.attach(D0);
  servo1.attach(D1);
  servo.write(135);
  servo1.write(60);
  digitalWrite(D3, HIGH);
  digitalWrite(D2, HIGH);
  while (! Serial);
  //  initializeWatchdog();
  ESP.wdtDisable();
  hw_wdt_disable();
}
```

```
void loop() {
  // Reset the watchdog timer
  //  resetWatchdog();

  // Your main code here
  fullcode();
  delay(50);
  yield();
  // Check if it's time to reset the watchdog timer
  //  unsigned long currentMillis = millis();
  //  if (currentMillis - previousMillis >= WATCHDOG_INTERVAL) {
  //    previousMillis = currentMillis;
  //    resetWatchdog();
  //  }
}
//
//void initializeWatchdog() {
//  ESP.wdtDisable();
//  ESP.wdtEnable(0);
//}
//
//// Function to reset the watchdog timer
//void resetWatchdog() {
//  ESP.wdtFeed();
//}
void hw_wdt_disable() {
  *((volatile uint32_t*) 0x60000900) &= ~(1); // Hardware WDT OFF
}

void fullcode() {
  timedata();
  feeding = (Firebase.getString("/dogfeeder/user/feed"));
  feeding.replace("\"", "");
  delay(50);
  yield();
  feeds = (Firebase.getString("/dogfeeder/user/feeding"));
  feeds.replace("\"", "");
  delay(50);
  yield();
  ftrash = (Firebase.getString("/dogfeeder/user/trash"));
  ftrash.replace("\"", "");
  delay(50);
  yield();
  //Serial.println(ftrash);

  if (feeds == "yes") {
    feed();
    timer();

    delay(50);
    yield();
  }

  else if ( ftrash == "yes") {
    trash();
    Firebase.setString("/dogfeeder/user/trash", "no");
    delay(50);
    yield();
  } else {
    kg();
    led();
    delay(50);
    yield();
```

```
if (feeding == "2")              {

   //Serial.println("2 feeding per day");if (timenow ==
   "8:0")
                                        {
      if (num == 0)          {
         currentTime   millis();
         //Serial.println("feeding now 1st");feed();
         num = 1;
         timer();
         else {
         //Serial.println("feeding done");

      }

      }
   }  if (timenow == "20:0") if (num ==     {
      1)                     {
         currentTime   millis();
         //Serial.println("feeding now 2nd");feed();
         timer();
         num = 0;
         else {
         //Serial.println("feeding done");

      }

      }
   }
```

```
  } else if (feeding == "3")        {
    //Serial.println("3 feeding per day");if
    (timenow == "7:0")
                                      {
      if (num == 0)     {
        currentTime = millis();
        //Serial.println("feeding now 2nd");feed();
        timer();
        num = 1;
                //Serial.println("feeding now 1st");


      }
    } else if (timenow == "12:0") if      {
      (num == 1)        {
        currentTime   millis();
        //Serial.println("feeding now 2nd");feed();
        timer();
        num = 2;
                //Serial.println("feeding now 2nd");


      }
    } else if (timenow == "17:0") if      {
      (num == 2)        {
        currentTime   millis();
        //Serial.println("feeding now 2nd");feed();
        timer();
        num = 0;
                //Serial.println("feeding now 2nd");


      }
    }
  } else  {
    //Serial.println("Invalid feeding value");

  }


      } else  {
        //Serial.println("Invalid feeding value")          ;

      }
      delay(50)  ;
      yield();
    }
}
```

```
void timedata() {
  // first parameter: Time zone in floating point (for India); second parameter: 1 for European summer time;
  dateTime = NTPch.getNTPtime(+8.0, 0);

  // check dateTime.valid before using the returned time
  // Use "setSendInterval" or "setRecvTimeout" if required
  if (dateTime.valid) {



    actualHour = dateTime.hour;
    actualMinute   dateTime.minute;
    actualsecond = dateTime.second;


  }
  timenow = String(actualHour) + ":" + String(actualMinute);
  delay(50);
  yield();
  //Serial.println(timenow);


}
void timer() {
  if (currentTime - previousTime >= INTERVAL) {
    previousTime = currentTime; // Reset the timer
    trash();
    //Serial.println("Throwing the dog food");



  }
}

void feed() {
  String delay1 = (Firebase.getString("/dogfeeder/user/delay"));
  delay1.replace("\"", "");
  digitalWrite(D3, LOW);
  servo.write(10);
  delay(delay1.toInt());
  servo.write(135);
  digitalWrite(D3, HIGH);
  delay(delay1.toInt());
```

```
  Firebase.setString("/dogfeeder/user/feeding", "no");
  yield();
}
void trash() {
  servo1.write(180);
  delay(1000);
  servo1.write(-180);
  delay(1000);
  servo1.write(60);
  delay(50);
  yield();
}

void kg() {
  units = scale.get_units(), 10;
  if (units < 0)
  {
    units = 0.00;
  }

  Firebase.setString("/dogfeeder/user/weight", String(units));
  delay(50);
  yield();
}


///



void led() {
  int ldrValue = analogRead(LDR_PIN);

  if (ldrValue < LDR_THRESHOLD) {
    //Serial.println("On Light");
    digitalWrite(D2, HIGH);  // Turn on the light
  } else {
    //Serial.println("OFF Light");
    digitalWrite(D2, LOW);   // Turn off the light
  }

  //Serial.print("LDR Value: ");
  //Serial.println(ldrValue);

}
```

Código fonte da câmara

```
//
//#define PAN_PIN 14
//#define TILT_PIN 15
//
//Servo dummyServo1;
//Servo dummyServo2;
//Servo panServo;
//Servo tiltServo;
// WARNING!!! Make sure that you have either selected ESP32 Wrover Module,
//            or another board which has PSRAM enabled

//CAMERA_MODEL_AI_THINKER
#define PWDN_GPIO_NUM     32
#define RESET_GPIO_NUM    -1
#define XCLK_GPIO_NUM      0
#define SIOD_GPIO_NUM     26
#define SIOC_GPIO_NUM     27

#define Y9_GPIO_NUM       35
#define Y8_GPIO_NUM       34
#define Y7_GPIO_NUM       39
#define Y6_GPIO_NUM       36
#define Y5_GPIO_NUM       21
#define Y4_GPIO_NUM       19
#define Y3_GPIO_NUM       18
#define Y2_GPIO_NUM        5
#define VSYNC_GPIO_NUM    25
#define HREF_GPIO_NUM     23
#define PCLK_GPIO_NUM     22


void setup() {
  WRITE_PERI_REG(RTC_CNTL_BROWN_OUT_REG, 0);

  Serial.begin(115200);
  Serial.setDebugOutput(true);
  Serial.println();
  Serial.println("ssid: " + (String)ssid);
  Serial.println("password: " + (String)password);

  WiFi.begin(ssid, password);

  long int StartTime = millis();
  while (WiFi.status() != WL_CONNECTED) {
    delay(500);
    if ((StartTime + 10000) < millis()) break;
  }

  if (WiFi.status() == WL_CONNECTED) {
    char* apssid = "ESP32-CAM";
    char* appassword = "12345678";         //AP password require at least 8 characters.
    Serial.println("");
    Serial.print("Camera Ready! Use 'http://");
    Serial.print(WiFi.localIP());
    Serial.println("' to connect");
    WiFi.softAP((WiFi.localIP().toString() + "_" + (String)apssid).c_str(), appassword);
  }
  else {
    Serial.println("Connection failed");
    return;
  }
```

```
  camera_config_t config;
  config.ledc_channel = LEDC_CHANNEL_0;
  config.ledc_timer = LEDC_TIMER_0;
  config.pin_d0 = Y2_GPIO_NUM;
  config.pin_d1 = Y3_GPIO_NUM;
  config.pin_d2 = Y4_GPIO_NUM;
  config.pin_d3 = Y5_GPIO_NUM;
  config.pin_d4 = Y6_GPIO_NUM;
  config.pin_d5 = Y7_GPIO_NUM;
  config.pin_d6 = Y8_GPIO_NUM;
  config.pin_d7 = Y9_GPIO_NUM;
  config.pin_xclk = XCLK_GPIO_NUM;
  config.pin_pclk = PCLK_GPIO_NUM;
  config.pin_vsync = VSYNC_GPIO_NUM;
  config.pin_href = HREF_GPIO_NUM;
  config.pin_sscb_sda = SIOD_GPIO_NUM;
  config.pin_sscb_scl = SIOC_GPIO_NUM;
  config.pin_pwdn = PWDN_GPIO_NUM;
  config.pin_reset = RESET_GPIO_NUM;
  config.xclk_freq_hz = 20000000;
  config.pixel_format = PIXFORMAT_JPEG;
  //init with high specs to pre-allocate larger buffers
  if (psramFound()) {
    config.frame_size = FRAMESIZE_UXGA;
    config.jpeg_quality = 14;  //0-63 lower number means higher quality
    config.fb_count = 2;
  } else {
    config.frame_size = FRAMESIZE_SVGA;
    config.jpeg_quality = 14;  //0-63 lower number means higher quality
    config.fb_count = 1;
  }



  // camera init
  esp_err_t err = esp_camera_init(&config);
  if (err != ESP_OK) {
    Serial.printf("Camera init failed with error 0x%x", err);
    delay(1000);
    ESP.restart();
  }

  //drop down frame size for higher initial frame rate
  sensor_t * s = esp_camera_sensor_get();
  s->set_framesize(s, FRAMESIZE_QVGA);  // VGA|CIF|QVGA|HQVGA|QQVGA   ( UXGA? SXGA? XGA? SVGA? )

  Firebase.begin(FIREBASE_HOST, FIREBASE_AUTH);
  Firebase.reconnectWiFi(true);
  Firebase.setMaxRetry(firebaseData, 3);
  Firebase.setMaxErrorQueue(firebaseData, 30);
  Firebase.enableClassicRequest(firebaseData, true);

  //  String jsonData = "{\"photo\":\"" + Photo2Base64() + "\"}";
  //  String photoPath = "/dogfeeder/esp32-cam";

  Firebase.setString(firebaseData, "/dogfeeder/esp32-cam", Photo2Base64());

  //  if (Firebase.pushJSON(firebaseData, photoPath, jsonData)) {
  //    Serial.println(firebaseData.dataPath());
  //    Serial.println(firebaseData.pushName());
  //    Serial.println(firebaseData.dataPath() + "/"+ firebaseData.pushName());
  //  } else {
  //    Serial.println(firebaseData.errorReason());
  //  }

//
//  panServo.attach(PAN_PIN);
//  tiltServo.attach(TILT_PIN);
}
```

```
void loop() {
    Firebase.setString(firebaseData, "/dogfeeder/esp32-cam", Photo2Base64());
    delay(10);
}

String Photo2Base64() {
  camera_fb_t * fb = NULL;
  fb = esp_camera_fb_get();
  if (!fb) {
    Serial.println("Camera capture failed");
    return "";
  }

  String imageFile = "";
  char *input = (char *)fb->buf;
  char output[base64_enc_len(3)];
  for (int i = 0; i < fb->len; i++) {
    base64_encode(output, (input++), 3);
    if (i % 3 == 0) imageFile += urlencode(String(output));
  }

  esp_camera_fb_return(fb);

  return imageFile;
}
```

```
//https://github.com/zenmanenergy/ESP8266-Arduino-Examples/
String urlencode(String str)
{
  String encodedString = "";
  char c;
  char code0;
  char code1;
  char code2;
  for (int i = 0; i < str.length(); i++) {
    c = str.charAt(i);
    if (c == ' ') {
      encodedString += '+';
    } else if (isalnum(c)) {
      encodedString += c;
    } else {
      code1 = (c & 0xf) + '0';
      if ((c & 0xf) > 9) {
        code1 = (c & 0xf) - 10 + 'A';
      }
      c = (c >> 4) & 0xf;
      code0 = c + '0';
      if (c > 9) {
        code0 = c - 10 + 'A';
      }
      code2 = '\0';
      encodedString += '%';
      encodedString += code0;
      encodedString += code1;
      //encodedString+=code2;
    }
    yield();
  }
  return encodedString;
}
```

Printed by Books on Demand GmbH, Norderstedt / Germany